Research on Evaluation of Information
Construction of China Association for
Science and Technology

中国科协信息化建设
评估研究

高 勘 / 著

中国财富出版社有限公司

图书在版编目（CIP）数据

中国科协信息化建设评估研究/高勘著. —北京：中国财富出版社有限公司，2021.5
ISBN 978 - 7 - 5047 - 7419 - 4

Ⅰ.①中…Ⅱ.①高…Ⅲ.①中国科学技术协会—信息化建设—评价指标—研究
Ⅳ.①G322.25 - 39

中国版本图书馆 CIP 数据核字（2021）第 070310 号

策划编辑	宋　宇		**责任编辑**	邢有涛　刘静雯		
责任印制	梁　凡　郭紫楠		**责任校对**	张营营	**责任发行**	白　昕

出版发行	中国财富出版社有限公司		
社　　址	北京市丰台区南四环西路 188 号 5 区 20 楼	**邮政编码**	100070
电　　话	010 - 52227588 转 2098（发行部）	010 - 52227588 转 321（总编室）	
	010 - 52227588 转 100（读者服务部）	010 - 52227588 转 305（质检部）	
网　　址	http://www.cfpress.com.cn	**排　　版**	大　泽
经　　销	新华书店	**印　　刷**	北京柏力行彩印有限公司
书　　号	ISBN 978 - 7 - 5047 - 7419 - 4/G·0750		
开　　本	710mm×1000mm　1 / 16	**版　　次**	2021 年 5 月第 1 版
印　　张	19.25	**印　　次**	2021 年 5 月第 1 次印刷
字　　数	248 千字	**定　　价**	98.00 元

前　言

　　以习近平同志为核心的党中央高度重视网络安全和信息化工作，提出以信息化推进国家治理体系和治理能力现代化，提出建设网络强国、数字中国等发展战略，为我国信息化发展指明了努力方向。用好互联网，加强组织能力建设，扩大联系覆盖、提高服务能力和拓展组织功能，是推动群团组织改革的重要工作。中国科学技术协会（以下简称"中国科协"）认真贯彻落实习近平总书记关于网络安全和信息化工作的重要讲话精神，在"十三五"期间大力推进信息化建设。聚焦中国科协事业发展，按照1－9－6－1工作布局，围绕开放型、枢纽型、平台型的组织建设，提高"四服务"能力，推进科协组织数字化发展，将信息化与中国科协各项重点工作深度融合。打造协同高效的电子政务系统，提升科协系统信息化应用和服务能力。建设中国科协数据中心，推进中国科协与全国学会、地方科协之间的主要业务数据的汇聚、连接及资源分享。建设中国科协融合信息服务体系，提升中国科协网上影响力。加强信息化基础设施建设，提升网络安全保障能力。通过智慧科协建设工程，实现重要信息系统互联互通，拓展网上服务的内容和渠道，不断提高科协系统"一体两翼"的信息化水平，促进信息化建设由应用阶段向资源整合阶段转变，为网上科协建设贡献力量。

信息化评估是我国信息化事业发展的重要组成部分，2005年以来，国家有关部委、行业主管部门和企事业单位分别在不同领域开展了信息化评估研究，编制了信息化水平评价指数，组织开展了信息化水平评估工作，取得了积极成效。

国家统计局于2005年构建了国家信息化发展指数，对基础设施、产业技术、应用消费、知识支撑和发展效果五个方面的信息化水平加以考察，并比较研究了我国与世界其他主要国家和地区的信息化发展水平。

国务院国有资产监督管理委员会（以下简称"国资委"）于2008年正式印发了《中央企业信息化水平评价暂行办法》，并于2013年对该办法进行修订，构建了中央企业信息化水平评价体系。该指标体系包括信息化组织推动力、信息化顶层设计能力、信息化业务融合度、信息化基础支撑能力、信息系统安全运行能力5个一级指标和19个二级指标。国资委通过开展中央企业信息化水平评价，有效地指导和推进了中央企业信息化建设，提升了信息化与工业化融合的水平，促进了中央企业做大做强，提高了中央企业的核心竞争力。

中国科学院（以下简称"中科院"）计算机网络信息中心于2008年构建了中科院信息化评估指标体系，连续十多年组织开展了中科院信息化评估工作，评估对象覆盖104家研究单位、12个分院、2所院属大学和1家公共支撑单位，形成了年度《中国科学院信息化评估报告》，如今信息化评估已成为中科院的一项常态化、制度化工作。该评估体系包括信息化管理与运行、信息化基础设施、信息化资源、科研信息化应用、管理信息化应用、教育信息化应用、科学传播应用、网络安全管理、网络安全技术保障 9 个指标。中科院通过信息化评估客观分析了全院信息化发展态势，为制定中科院信息化工作战略方针和工作部署提供支撑。

中共中央网络安全和信息化委员会办公室于 2014 年启动了国家信息化发展水平评价体系建设工作，借鉴国际电信联盟、世界经济论坛等国际组织以及部分发达国家有影响力的信息化水平测算方法，在对国内已有信息化评估指标梳理基础上，按照系统性、可比性、可测度、可扩展等基本原则，构建了国家信息化发展水平指标体系和测算模型，并在《数字中国建设发展报告（2017 年）》中公布了指标体系和评价结果。该指标体系包括信息技术与产业、信息基础设施、信息经济、信息服务 4 个一级指标和 14 个二级指标。该指标体系科学地衡量了我国信息化发展水平，有助于了解我国信息化发展现状、发展阶段以及所处的优劣势，并为制定信息化发展政策提供了科学依据。

信息化评估对于科学评价科协系统信息化建设水平，引导全国学会、地方科协的信息化建设科学发展具有重要意义。"十三五"期间，中国科协信息中心通过编制科协系统信息化建设评估指标体系，实时采集和分析全国学会、地方科协信息化建设数据，全面掌握科协系统信息化建设水平，总结发展规律，分析存在问题，探索发展思路，加速推进科协系统信息化建设。

中国科协信息中心从 2017 年开始进行信息化评估的理论研究和实践，在借鉴国内信息化评估经验的基础上，坚持科学性、可行性、创新性、前瞻性相结合的原则，编制了具有中国科协特色的信息化建设评估指标体系。该评估体系包括信息化建设、网络舆情、网络宣传、网站建设、新媒体影响力、科技人才评价等领域。同时根据不同的评估对象编制了评估模型，根据各个指标在整个指标体系中的地位、作用，设定不同的权重。信息化评估范围覆盖 210 个全国学会、31 个省级科协。在信息化评估过程中，充分运用大数据、互联网等信息技术，采取网络抓取与人工采集相结合的方式，实时采集全国学会、地方科协的信息化建设数据，同时使用定性分析与定量分析相结合的方法，全面、科学、公正地评估中国科协信息化建设成效。

2017 年开始进行科协系统信息化建设评估工作。编制了科协系统信息化建设评估指标体系，指标体系由应用、网站、安全和保障 4 个一级指标和 12 个二级指标构成。通过评估，掌握了科协系统信息化建设状况，总结了发展经验，分析了存在的问题，提出了今后的发展建议，推动了全国学会、省级科协的信息化建设。

2018 年开始进行中国科协网站建设评估工作。在借鉴国内网站评估经验的基础上，编制了中国科协网站建设评估指标体系。该评估指标体系由信息公开、在线服务、移动应用、网站安全、用户体验、互动交流 6 个一级指标和 25 个二级指标构成。网站建设评估工作综合反映了全国学会、省级科协网站的建设水平，促进了科协系统网站建设、管理、服务水平的提高。

2019 年开始进行中国科协网络舆情评估指标研究。在分析国内网络舆情分析指标的基础上，结合科协系统舆情特点，编制了中国科协网络舆情分析指标体系。该指标体系由网络舆情内容、网络舆情传播、网络舆情情感 3 个一级指标和 8 个二级指标构成。根据该指标体系，开发了舆情分析系统，进行舆情分析、预判工作，为决策提供依据。

2020 年开展了中国科协科技人才评价研究，构建了跨学科评价模型、科技人才学术履历画像、同行评议画像、科研成果影响力画像、学术不端负面清单五种评价模型,探索新型科技人才评价模式,实现全面、科学、精准、前瞻性地评价科技人才。

为了总结"十三五"期间中国科协信息化建设评估经验和成效,分析存在问题,探索今后发展思路,编写了《中国科协信息化建设评估研究》一书。希望本书能够为"十四五"期间中国科协信息化建设提供借鉴,为打造网上科技工作者之家,实现中国科协治理体系和治理能力现代化作出贡献。由于作者水平有限,书中难免存在不足之处,希望国内同仁批评指正。

目　录

第一章　中国科协系统信息化建设评估指标体系

一、评估背景

（一）信息化评估是落实国家信息化发展和群团改革的重要举措

党的十九大报告指出"推进新型工业化、信息化、城镇化、农业现代化同步发展"，明确把建设网络强国、数字中国、智慧社会作为加快建设创新型国家的重要内容，提出要"全面增强执政本领"，"善于运用互联网技术和信息化手段开展工作"。以习近平同志为核心的党中央高度重视网络安全和信息化工作。中共中央办公厅印发的《科协系统深化改革实施方案》中要求工作手段信息化、组织体系网络化、治理方式现代化迈上新台阶。作为党领导下的人民团体、党和政府联系科技工作者的桥梁纽带，中国科协积极贯彻落实党中央的战略部署，推动群团组织改革，大力加强信息化建设，特别是通过互联网加强组织能力建设，扩大联系覆盖，提高服务能力，拓展组织功能。开展科协系统信息化建设评估工作，科学评价科协系统信息化建设水平，对于落实国家信息化发展和群团改革，正确指导科协系统信息化发展具有重要意义。

（二）信息化评估是"智慧科协"建设的重要抓手

面临新时代、新征程、新任务，中国科协党组对标党和国家的要求，深刻领会、准确把握新时代中国科协组织的新方位新使命，自觉在新时代战略部署中找题目、做文章，把建设智慧科协作为《中国科协事业发展三年行动计划（2018—2020 年)》的重要内容。信息化建设评估是智慧科协建设的重要任务，通过健全科协系统信息化建设评估指标体系，实时采集全国学会、地方科协的信息化建设数据，全面掌握科协系统信息化建设水平，有助于总结科协系统信息化建设的发展规律，以评促建、以评促改、以评促优，加速推进科协系统信息化建设。

二、评估目标与范围

（一）评估目标

通过信息化建设评估工作，健全科协系统信息化建设评估指标体系，进一步掌握科协系统信息化建设状况，总结经验，分析存在的问题，提出今后发展建议，提高科协整体的信息化建设水平，促进智慧科协建设。具体包括以下三个方面。

（1）健全科协系统信息化建设评估指标体系，科学评价科协系统各单位的信息化建设水平，提高信息化建设决策的科学性和准确性。

（2）全面掌握科协系统信息化建设的应用现状、网站现状、安全现状和保障现状，并发现突出问题，精准指导各单位信息化建设工作。

（3）总结科协系统信息化建设的发展规律，提炼最佳实践，树立标杆并发挥标杆的示范带动作用，促进科协系统信息化建设。

（二）评估范围

科协系统信息化建设评估范围是 210 家全国学会、31 家省级科协。其中：

全国学会实际评估范围为 195 家，包括理科学会 44 家、工科学会 72 家、农科学会 14 家、医科学会 28 家、交叉学科学会 37 家。

中国创造学会、中国文物保护技术协会、国际粉体检测与控制联合会、中国国土经济学会、中国检验检测学会、中国工程热物理学会、中国工程机械学会、中国蚕学会、中国现场统计研究会、中国惯性技术学会、中国农业历史学会、中国振动工程学会、中国知识产权研究会、国际数字地球学会、国际动物学会共计 15 家全国学会因信息化数据无法采集，未参加本次评估。

省级科协 31 家：覆盖了除新疆生产建设兵团科协外的 31 家省级科协。

三、评估指标

（一）设计思路

构建科协系统信息化建设评估指标体系是评估科协系统信息化建设现状和水平的关键环节。在设计评估指标体系时，按照当前国家战略及政策相关要求，以《"十三五"国家信息化规划》《大数据产业发展规划（2016—2020 年)》《政府网站发展指引》《新一代人工智能发展规划》等文件提出的发展目标和任务为指标设计依据，广泛收集、查阅国内外关于信息化发展评估的文献资料，对比参考其中的指标体系，然后根据评估目的，结合科协系统实际情况和总体目标进行指标设计，形成指标体系的基本框架。广泛征求信息化领域专家意见，召开指标体系评审会议，采用头脑风暴法补充遗漏的评估指标，检查各评估指标的含义是否正确，评估发展指数计算方法的科学性、可行性。经过多次修订、完善，最后形成科协系统信息化建设评估指标体系。主要引导做好以下四个方面的工作。

（1）推进核心业务系统应用和数据资源建设。引导各单位通过自建或入驻使用中国科协统一应用系统的方式推进核心业务系统应用，强调数据资源的重要性，完善基础信息资源和重要领域信息资源建设，为中国科协大数据应用提供数据基础。

（2）优化网上服务。引导各单位落实《政府网站发展指引》政策指导，加强工作动态、组织机构介绍、通知公告、科学普及、学术交流、科技智库、财务统计、国际交流、组织建设、表彰奖励、党建工作等栏目的信息公开，整合各单位服务资源与数据，加快构建一体化互联网科协服务平台，整合科协服务入口，提供便捷服务窗口。网站充分发挥"两微一端"等新媒体优势，同时积极利用第三方平台不断拓展科协服务渠道，提升科协服务便利化水平。做好互动交流，通过投诉信箱、意见征集调查等多种互动交流方式，接受用户咨询留言、意见建议、投诉举报。提升用户体验，本着实用易用的原则，方便公众查找、获取、浏览、使用内容资源，加强内容更新的及时性，避免出现内容长期不更新、不维护的"僵尸网站"现象。

（3）重视网络与信息安全。引导各单位强化网络与信息安全的风险防控能力，落实《中华人民共和国网络安全法》和《信息安全等级保护管理办法》等信息网络安全相关法律法规和政策性文件，加强重要数据资源和应用的容灾备份，制订并完善网络与信息安全应急处置预案，强化日常预防、监测、预警和应急处置能力。

（4）加强组织保障。引导各单位"一把手"对信息化建设和应用的重视，加强信息化规划和相关制度的制定，注重信息化人才队伍的建设和培养，鼓励各单位在云计算、大数据、人工智能、移动互联网等新信息技术应用方面的探索和创新。

（二）设计原则

（1）科学性。指标体系的构建力求在理论研究基础上，提取出重要的、具有本质特征和代表性强的指标因素，使指标体系能够在逻辑结构上科学、严谨、完整，对客观实际抽象描述要清晰、符合实际，能够体现科协系统信息化建设及发展的水平和特征。

（2）代表性。指标选取的主要目的是从不同角度对信息化发展水平进行准确测定与评价，只有选取那些观测值与评估结果相关性强、贡献大、最能代表信息化发展中不同侧面特征的指标，才能更为准确地反映评估对象的客观状况。因此，在进行指标设计或选取的过程中，对评估指标的特征性要给予充分考虑，按照简化指标的原则，尽可能选取那些特征性强的代表性指标。

（3）可操作性。由于目前存在相关资料和数据收集困难的问题，指标的选取必须具有可操作性，即指标数据有来源、能够被获取，便于收集整理和可持续动态监测。同时，应使指标体系中各指标含义准确，统计口径、统计方法科学统一，能反映被评估对象的发展规律和根本属性。

（4）导向性。任何一种指标体系的设置，在实施中应起到引导和导向作用。反映被评估对象信息化建设状况和差别，甚至发出预警信息。这样，被评估对象就能清楚地认识到自身建设的情况，找准与其他单位的差距，以及未来发展的目标。

（三）指标编制

依据科协系统信息化建设评估工作要求，结合科协系统信息化建设实际情况，研究编制科协系统信息化建设评估指标。

（1）前期研究。开展科协系统信息化建设评估指标研究，借鉴国内外已有经验和做法，按照科学性、代表性、可操作性、导向性指标设计原则，并结合科协系统信息化现状和特点进行指标的筛选和设计，优化了科协系统信息化发展指数的基本指标体系和测算模型。

（2）试点评估。为检验指标体系的科学性、可操作性和数据的可获得性，从全国31家省级科协和210家全国学会中，分别选定了5家具有代表性的单位作为评估试点对象，对指标体系进行了试评估验证，对指标所涉及的数据进行预采集，进一步完善指标体系和计算方法。

（3）征求意见。邀请来自政府部门、科研机构、高等院校、信息化企业的专家召开讨论会，就指标体系总体框架设计、指标的选取，以及指标体系的可操作性进行研讨，在充分吸纳专家意见的基础上，对指标体系和测算方法进一步修正，最终确定了科协系统信息化发展指数指标体系由应用、网站、安全和保障4个一级指标和12个二级指标构成。

（四）指标体系

科协系统信息化建设评估指标体系在编制过程中参考了国家信息化发展指数（IDI）、智慧城市发展指数（SCDI）、《政府网站发展指引》等相关资料，借鉴了国内相关单位编制信息化评估指标的经验并结合了科协系统信息化的特点。

该体系由4个一级指标和12个二级指标构成。其中：一级指标包括应用、网站、安全和保障；二级指标包括业务系统建设、数据资源建设、信息公开、在线服务、移动应用、互动交流、用户体验、安全管理、安全防护、组织建设、队伍建设和新信息技术应用。同时根据各个指标在整个指标体系中的地位、作用确定不同的权重（见表1-1）。

1. 应用（一级指标，权重35%）

反映各单位信息化业务系统建设、数据资源建设情况，包括2个二级指标。

（1）业务系统建设（二级指标，权重60%）。反映各单位自建或使用中国科协建设的应用系统，推进核心业务系统信息化的情况，包括OA（办公自动化）系统、视频会议系统、会议管理系统、会员管理系统、期刊管理系统等业务系统应用建设情况等内容。

（2）数据资源建设（二级指标，权重40%）。反映各单位数据资源建设情况，为后续支持中国科协开展大数据综合应用，统筹推进大数据建设打下基础。包括办公数据资源、科普数据资源、学术数据资源、智库数据资源、人才数据资源等数据资源建设情况等内容。

2. 网站（一级指标，权重30%）

反映各单位官网的建设水平、服务能力，包括5个二级指标。

（1）信息公开（二级指标，权重25%）。反映各单位按照《政府网站发展指引》进行网站建设情况，包括新闻（工作动态）、组织机构、通知公告、科学普及、学术交流、科技智库、财务统计、国际交流、组织建设、表彰奖励、党建工作等栏目的建设情况等内容。

（2）在线服务（二级指标，权重20%）。反映各单位整合服务资源与数据，加快构建一体化互联网服务平台，整合服务入口，提供便捷服务窗口和服务事项的情况。包括网站为公众提供服务窗口、项目申报工作平台等内容。

（3）移动应用（二级指标，权重20%）。反映各单位网站"两微一端"建设情况，包括微信、微博、移动App（智能手机第三方应用程序）移动端建设情况等内容。

（4）互动交流（二级指标，权重 15%）。反映各单位通过投诉信箱、意见征集调查等互动交流方式，接受用户咨询留言、意见建议、投诉举报的情况。包括网站网上调查、意见征集、投诉信箱等内容。

（5）用户体验（二级指标，权重 20%）。反映各单位方便公众搜索、获取、浏览、使用网站内容资源，加强内容更新的时效性等建设情况。包括网站内搜索功能、首页内容是否及时更新、站点可访问性、链接有效性、提供英文版网站的用户体验情况等内容。

3. 安全（一级指标，权重20%）

反映各单位网络信息安全管理、安全防护能力，包括 2 个二级指标。

（1）安全管理（二级指标，权重 30%）。反映各单位网络与信息安全的风险防控能力，信息安全等级保护制度落实情况。包括是否有网络与信息安全应急处置预案、网站是否达到国家信息系统安全第二等级保护、密码保护等内容。

（2）安全防护（二级指标，权重 70%）。反映各单位重要数据资源和应用的容灾备份情况，是否制定网络与信息安全应急处置预案，日常预防、监测、预警和应急处置能力。包括是否对网络与信息安全自查、是否对重要的数据和应用系统进行容灾备份、年度重大网络与信息安全事件发生次数、网站检测出高危漏洞个数等内容。

4. 保障（一级指标，权重15%）

反映各单位信息化综合保障能力，包括 3 个二级指标。

（1）组织建设（二级指标，权重 40%）。反映各单位领导班子对信息化建设和应用的重视程度，信息化规划和相关制度的制定情况。包括各单位主要负责同志是否分管信息化工作、是否设立信息化工作机构、是否制定信息化相关规章制度、规划等内容。

（2）队伍建设（二级指标，权重40%）。反映各单位信息化人才队伍的建设情况，包括各单位是否设立信息员、网络信息化工作联络员，是否参加信息化培训等内容。

（3）新信息技术应用（二级指标，权重20%）。反映各单位在业务工作中，云计算、大数据、人工智能、移动互联网等新信息技术的应用和创新情况。

表1—1　科协系统信息化建设评估指标体系

一级指标	权重（%）	二级指标	权重（%）	评估要点
应用	35	业务系统建设	60	反映业务系统建设情况： 1. 是否入驻科协一家 2. 是否有 OA 系统 3. 是否有视频会议系统 4. 是否有会议管理系统 5. 是否有会员管理系统 6. 是否有期刊管理系统 7. 是否有其他业务系统
		数据资源建设	40	反映数据资源建设情况： 1. 是否接入科协数据中心 2. 是否有办公数据资源 3. 是否有科普数据资源 4. 是否有学术数据资源 5. 是否有智库数据资源 6. 是否有人才数据资源 7. 是否有其他数据资源库

续表

一级指标	权重（%）	二级指标	权重（%）	评估要点
网站	30	信息公开	25	反映网站信息公开情况： 1. 是否有党建工作栏目 2. 是否有工作动态栏目 3. 是否有组织机构栏目 4. 是否有通知公告栏目 5. 是否有科学普及栏目 6. 是否有学术交流栏目 7. 是否有科技智库栏目 8. 是否有财务统计栏目 9. 是否有国际交流栏目 10. 是否有组织建设栏目 11. 是否有表彰奖励栏目
		在线服务	20	反映网站在线服务情况： 1. 是否有项目申报工作平台 2. 是否有服务窗口
		移动应用	20	反映网站移动端建设情况： 1. 是否有微信公众号 2. 是否有视频包括微视频 3. 是否有微博账号 4. 是否有移动 App 或移动自适版网站
		互动交流	15	反映网站互动交流情况： 1. 是否有网上调查、意见征集 2. 是否有投诉信箱
		用户体验	20	反映网站用户体验情况： 1. 是否有网站内搜索功能 2. 网站首页内容更新情况 3. 站点可访问性情况 4. 链接有效性情况 5. 是否有网站英文版（英文版网站），包括全国学会期刊英文网

一级指标	权重（%）	二级指标	权重（%）	评估要点
安全	20	安全管理	30	反映信息化安全管理情况： 1. 是否有网络与信息安全应急处置预案 2. 网站是否达到国家信息系统安全第二等级保护 3. 是否有密码保护
		安全防护	70	反映信息安全防护情况： 1. 是否对网络与信息安全自查 2. 是否对网站重要的数据和应用系统进行容灾备份 3. 年度重大网络与信息安全事件发生次数 4. 网站检测出高危漏洞个数
保障	15	组织建设	40	反映信息化管理情况： 1. 是否由单位主要负责同志分管信息化工作 2. 是否设立信息化工作机构 3. 是否制定信息化相关规章制度、规划
		队伍建设	40	反映信息化队伍建设情况： 1. 是否有中国科协网信息员 2. 是否有网络信息化工作联络员 3. 是否参加信息化相关培训
		新信息技术应用	20	反映信息技术应用情况： 1. 是否应用云计算技术 2. 是否应用大数据技术 3. 是否应用人工智能技术 4. 是否应用移动互联网技术

（五）计算方法

科协系统信息化发展指数（China Association for Science and Technology Informatization Development Index，CAST－IDI）是一个按照一定的计算方法，从应用、网站、安全、保障四个维度出发，综合测度与反映科协系统信息化发展水平的综合性指标，每一维度都是构成具体方面的分项指数，每个分项指数又由若干个指标合成，其测算方法主要借鉴了国家信息化发展指数和智慧城市发展指数的测算方法，指数数值越高，信息化发展水平越高。运用该指标体系测算的指数，可用于评估和比较科协系统信息化发展水平和发展进程，旨在进一步探索与把握科协系统信息化发展的基本规律，总结发展中的经验和问题，为中国科协制定信息化发展规划和发展战略提供量化的参考依据。

CAST－IDI 的计算采用了线性加权的方法，即对每个具体指标的标准化数据进行计算，分别得出各个分类指数，然后通过各个分类指数加权平均计算得出总指数，指数分布在 0 和 1 之间，具体计算公式为：

$$CAST － IDI = \sum_{i=1}^{n} W_i \left(\sum_{j=1}^{m} W_{ij} P_{ij} \right)$$

其中：$CAST － IDI$ 为科协系统信息化发展指数；n 为科协系统信息化发展指数分类的个数；m 表示第 i 类指数的指标个数；P_{ij} 为第 i 类指数的第 j 个指标标准化后的值；W_{ij} 为第 i 类指数中第 j 个指标的权重；W_i 为第 i 类指数在总指数中的权重。

数据的归一化是将数据按比例缩放，使其落入一个小的特定区间（[0，1]）。在比较和评估的指标处理中经常会用到，去除数据的单位限制，将其转化为无量纲的纯数值，便于不同单位或量级的指标能够进行比较和加权。计算公式为：

$$P_i = \frac{X_i - X_{\min}}{X_{\max} - X_{\min}}$$

其中：P_i 为每个指标的标准化分值；X_i 为每个指标的实测值；$X_{\min}$ 为该指标的最小阈值；$X_{\max}$ 为该指标的最大阈值。

四、评估过程

（一）建设评估工具

搭建并完善基于 web（万维网）的科协系统信息化建设评估工具，重点优化评估管理、指标管理、问卷填报管理、系统管理等模块。利用该评估工具，通过设计评估指标，全面（从调查对象上讲）、迅速（从评估流程上讲）、高效（从数据回收来看）地收集被评估对象信息化方面的各项数据，自动将评估结果生成报表和可视化图表。

（二）采集数据

2020 年，依据科协系统信息化发展指数指标体系，本研究采用自动采集、人工调查、调查问卷三种方式进行数据采集，分别对 210 家全国学会、31 家省级科协的信息化建设情况进行数据采集。

（三）复核数据

网络保证评估质量，加强了评估数据采集、数据录入、数据清理、数据统计等各个环节的质量控制，重点从数据完整性和准确性两个方面，整理与复核评估数据。在审核过程中发现错误时，及时查明原因并更正，从而较好地控制了错误或异常数据的出现，保证了评估数据的质量。

（四）数据分析

首先，通过整体数据对总体情况进行分析，通过比较指数均值以及各个分项指数均值，反映整体水平；其次，利用阶梯分析法，了解被评估对象在按照指数区间划分进行比较时的各自特点，反映分布形态和趋势情况；最后，从均值、占比、趋势、对比等方面，详细分析各个分项指数情况。

五、评估结果及主要结论

（一）评估结果

根据中国科协信息化建设"十三五"发展规划研究中确定的信息化评估模型，中国科协信息化发展划分为五个阶段，分别是：①初步建设阶段，这个阶段只完成信息化基础设施的初步建设，尚未开展信息系统的应用；②初步应用阶段，只有少量业务职能实现了信息化；③成熟应用阶段，大部分业务职能实现信息化；④资源整合阶段，完成全部业务系统建设，并进行业务系统和资源整合；⑤创新应用阶段，利用前沿的信息化技术和手段改进业务工作，对内提供高效业务流程，对外提供创新型服务。目前科协系统信息化发展水平处于第四阶段，即资源整合阶段，已完成业务系统建设，并进行业务系统和资源整合。

从电子政务角度分析，按照国内外学者对电子政务发展成熟度提出的五个阶段划分法（信息呈现阶段、事务处理阶段、垂直整合阶段、水平整合阶段、一体化服务阶段），目前科协系统的信息化建设水平总体上处于从第三阶段向第四阶段的过渡时期，即从垂直整合阶段向水平整合阶段的过渡时期。

1. 全国学会评估结果

全国学会基于自身业务驱动开展了信息化建设工作，但是总体水平不高，指数处于 0.60 ~ 0.62，各学会间的信息化建设水平参差不齐，差距整体有所缩小。2020 年全国学会信息化建设评估结果见表 1 - 2。

表 1 - 2 　 2020 年全国学会信息化建设评估结果

序号	单位	总指数	应用指数	网站指数	安全指数	保障指数
1	中华医学会	0.8928	0.9700	0.9476	0.8800	0.6200
2	中国电子学会	0.8746	0.9700	0.7670	0.8800	0.8600
3	中国水利学会	0.8606	0.9600	0.8519	0.8800	0.6200
4	中国汽车工程学会	0.8576	0.7950	0.9144	0.8800	0.8600
5	中国公路学会	0.8453	0.9350	0.7100	0.8800	0.8600
6	中国电机工程学会	0.8291	0.8450	0.8079	0.8100	0.8600
7	中华预防医学会	0.8037	0.8050	0.6433	1.0000	0.8600
8	中国地质学会	0.8025	0.8350	0.8642	0.7000	0.7400
9	中国建筑学会	0.7955	0.6925	0.8870	0.8800	0.7400
10	中国作物学会	0.7955	0.8175	0.8012	0.8800	0.6200
11	中国计算机学会	0.7813	0.5925	0.7865	1.0000	0.9200
12	中国环境科学学会	0.7779	0.6875	0.7744	0.8800	0.8600
13	中国照明学会	0.7646	0.7150	0.7444	0.8100	0.8600
14	中国海洋工程咨询协会	0.7510	0.6275	0.7845	0.8800	0.8000
15	中国图书馆学会	0.7497	0.7250	0.5566	1.0000	0.8600
16	中国纺织工程学会	0.7455	0.9275	0.7662	0.7000	0.3400
17	中国城市规划学会	0.7437	0.6150	0.7449	0.8800	0.8600
18	中国人工智能学会	0.7385	0.6650	0.6493	0.8800	0.9000
19	中华中医药学会	0.7372	0.6975	0.7535	0.8100	0.7000
20	中国测绘学会	0.7352	0.7525	0.7161	0.8200	0.6200
21	中国化学会	0.7273	0.6350	0.6669	0.8800	0.8600
22	中国气象学会	0.7236	0.6050	0.8096	0.8800	0.6200
23	中国药学会	0.7205	0.6925	0.7372	0.8200	0.6200
24	中国金属学会	0.7178	0.8450	0.6768	0.6300	0.6200
25	中国地理学会	0.7160	0.6925	0.7420	0.7000	0.7400
26	中国岩石力学与工程学会	0.7158	0.6775	0.8189	0.7000	0.6200

续表

序号	单位	总指数	应用指数	网站指数	安全指数	保障指数
27	中国营养学会	0.7105	0.5725	0.8037	0.8800	0.6200
28	中国铁道学会	0.7069	0.6950	0.5987	1.0000	0.5600
29	中国水力发电工程学会	0.7065	0.5925	0.7272	0.8800	0.7000
30	中国化工学会	0.7038	0.6925	0.7613	0.7000	0.6200
31	中国电源学会	0.7035	0.5125	0.7304	0.8800	0.8600
32	中国发明协会	0.7033	0.6875	0.8124	0.6300	0.6200
33	中华口腔医学会	0.7009	0.6325	0.8218	0.7000	0.6200
34	中国机械工程学会	0.6995	0.6050	0.7291	0.8800	0.6200
35	中国力学学会	0.6970	0.6825	0.7971	0.6300	0.6200
36	中国体育科学学会	0.6950	0.6375	0.6763	0.8800	0.6200
37	中国科普作家协会	0.6941	0.7225	0.7075	0.6800	0.6200
38	中国自然科学博物馆协会	0.6904	0.7525	0.5267	0.8800	0.6200
39	中国复合材料学会	0.6853	0.6325	0.7696	0.7000	0.6200
40	中国水产学会	0.6816	0.6375	0.6317	0.8800	0.6200
41	中华护理学会	0.6816	0.7525	0.6174	0.7000	0.6200
42	中国青少年科技辅导员协会	0.6798	0.7150	0.6553	0.7000	0.6200
43	中国茶叶学会	0.6790	0.5725	0.7386	0.8200	0.6200
44	中国实验动物学会	0.6788	0.7425	0.6797	0.7000	0.5000
45	中国制冷学会	0.6743	0.6225	0.5047	0.8800	0.8600
46	中国农学会	0.6710	0.6025	0.5172	0.8800	0.8600
47	中国细胞生物学学会	0.6706	0.5950	0.7646	0.7000	0.6200
48	中国生物医学工程学会	0.6705	0.6925	0.6504	0.7000	0.6200
49	中国粮油学会	0.6670	0.6925	0.6388	0.7000	0.6200
50	中国核学会	0.6663	0.5950	0.7500	0.7000	0.6200
51	中国土木工程学会	0.6645	0.6950	0.6275	0.7000	0.6200
52	中国光学学会	0.6593	0.6825	0.6249	0.7000	0.6200

序号	单位	总指数	应用指数	网站指数	安全指数	保障指数
53	中国反邪教协会	0.6583	0.5125	0.7999	0.8200	0.5000
54	中国通信学会	0.6574	0.5125	0.6968	0.8800	0.6200
55	中国病理生理学会	0.6530	0.6300	0.4850	0.8800	0.7400
56	中国电工技术学会	0.6522	0.6325	0.6594	0.7000	0.6200
57	中国计量测试学会	0.6517	0.5925	0.7045	0.7000	0.6200
58	中国水土保持学会	0.6488	0.6850	0.6169	0.7000	0.5600
59	中国食品科学技术学会	0.6418	0.5725	0.6949	0.7000	0.6200
60	中国针灸学会	0.6395	0.5450	0.6590	0.7000	0.7400
61	中国康复医学会	0.6393	0.5425	0.7214	0.7000	0.6200
62	中国兵工学会	0.6393	0.5125	0.6764	0.8200	0.6200
63	中国防痨协会	0.6393	0.6575	0.5872	0.7000	0.6200
64	中国城市科学研究会	0.6363	0.7200	0.5043	0.7000	0.6200
65	中国生物化学与分子生物学学会	0.6358	0.5125	0.7449	0.7000	0.6200
66	中国心理学会	0.6348	0.6175	0.6521	0.5600	0.7400
67	中国优选法统筹法与经济数学研究会	0.6297	0.5700	0.6573	0.7000	0.6200
68	中国植物生理与植物分子生物学学会	0.6294	0.5625	0.6650	0.7000	0.6200
69	中国地震学会	0.6292	0.5400	0.5705	0.8800	0.6200
70	中国颗粒学会	0.6272	0.5725	0.6462	0.7000	0.6200
71	中国稀土学会	0.6220	0.5225	0.6871	0.7000	0.6200
72	中国标准化协会	0.6214	0.5050	0.7522	0.6300	0.6200
73	中国土地学会	0.6201	0.6050	0.5845	0.7000	0.6200
74	中国热带作物学会	0.6185	0.6025	0.5822	0.7000	0.6200
75	中国药理学会	0.6180	0.5450	0.6475	0.7000	0.6200

序号	单位	总指数	应用指数	网站指数	安全指数	保障指数
76	中国流行色协会	0.6177	0.5125	0.7312	0.6300	0.6200
77	中国硅酸盐学会	0.6167	0.4800	0.5991	0.8800	0.6200
78	中国仿真学会	0.6154	0.5400	0.6445	0.7000	0.6200
79	中国卒中学会	0.6151	0.5125	0.6756	0.7000	0.6200
80	中国农村专业技术协会	0.6149	0.7300	0.6313	0.5950	0.3400
81	中国技术经济学会	0.6148	0.6600	0.5161	0.6800	0.6200
82	中国体视学学会	0.6145	0.5125	0.6737	0.7000	0.6200
83	中国海洋学会	0.6141	0.4825	0.7075	0.7000	0.6200
84	中国科技馆发展基金会	0.6126	0.4225	0.7724	0.7000	0.6200
85	中国畜牧兽医学会	0.6116	0.5400	0.5721	0.7000	0.7400
86	中国腐蚀与防护学会	0.6111	0.5125	0.6623	0.7000	0.6200
87	中国科学技术期刊编辑学会	0.6109	0.6000	0.5598	0.7000	0.6200
88	中国神经科学学会	0.6095	0.5400	0.6250	0.7000	0.6200
89	中国工业设计协会	0.6077	0.5500	0.5339	0.8100	0.6200
90	中国老科学技术工作者协会	0.6066	0.5125	0.6475	0.7000	0.6200
91	中国仪器仪表学会	0.6062	0.5500	0.6024	0.7000	0.6200
92	中国卫星导航定位协会	0.6058	0.4525	0.7149	0.7000	0.6200
93	中国生物物理学会	0.6054	0.5625	0.5850	0.7000	0.6200
94	中国数学会	0.6033	0.5725	0.5665	0.7000	0.6200
95	中国植物保护学会	0.6031	0.5125	0.6356	0.7000	0.6200
96	中国航海学会	0.6020	0.4825	0.6671	0.7000	0.6200
97	中国毒理学会	0.6010	0.5400	0.5967	0.7000	0.6200
98	中国有色金属学会	0.5993	0.5100	0.5060	0.8800	0.6200
99	中国矿物岩石地球化学学会	0.5983	0.5025	0.6315	0.7000	0.6200
100	中国林学会	0.5981	0.5725	0.5491	0.7000	0.6200
101	中国电影电视技术学会	0.5969	0.4825	0.6500	0.7000	0.6200

序号	单位	总指数	应用指数	网站指数	安全指数	保障指数
102	中国自动化学会	0.5964	0.5250	0.6455	0.6300	0.6200
103	中国烟草学会	0.5960	0.3900	0.6349	0.8800	0.6200
104	中国女科技工作者协会	0.5944	0.6600	0.4647	0.7000	0.5600
105	中国海洋湖沼学会	0.5941	0.4800	0.6435	0.7000	0.6200
106	中国中西医结合学会	0.5911	0.5125	0.7324	0.6300	0.4400
107	中国煤炭学会	0.5903	0.4800	0.6310	0.7000	0.6200
108	中国园艺学会	0.5878	0.5400	0.5525	0.7000	0.6200
109	中国声学学会	0.5848	0.6000	0.4727	0.7000	0.6200
110	中国科技新闻学会	0.5839	0.3900	0.5948	0.8800	0.6200
111	中国系统工程学会	0.5829	0.5500	0.5245	0.7000	0.6200
112	中国指挥与控制学会	0.5810	0.5400	0.5299	0.7000	0.6200
113	中国风景园林学会	0.5795	0.5125	0.6039	0.6300	0.6200
114	中国农业机械学会	0.5773	0.6600	0.5175	0.7000	0.3400
115	中国图学学会	0.5764	0.5625	0.5818	0.5600	0.6200
116	中国地球物理学会	0.5748	0.5625	0.4831	0.7000	0.6200
117	中国能源研究会	0.5746	0.6900	0.4738	0.7000	0.3400
118	中国研究型医院学会	0.5744	0.4225	0.5850	0.7000	0.7400
119	中国内燃机学会	0.5743	0.5025	0.5514	0.7000	0.6200
120	中国材料研究学会	0.5723	0.5025	0.5449	0.7000	0.6200
121	中国农业工程学会	0.5722	0.4500	0.6058	0.7000	0.6200
122	中国动物学会	0.5714	0.5350	0.5338	0.7000	0.5600
123	中国生物多样性保护与绿色发展基金会	0.5699	0.3350	0.7320	0.7000	0.6200
124	中国土壤学会	0.5678	0.5100	0.5210	0.7000	0.6200
125	中国产学研合作促进会	0.5667	0.3600	0.5124	0.8800	0.7400
126	中国晶体学会	0.5663	0.3600	0.6910	0.7000	0.6200

序号	单位	总指数	应用指数	网站指数	安全指数	保障指数
127	中国科学技术情报学会	0.5646	0.4800	0.4252	0.8800	0.6200
128	中国生理学会	0.5628	0.5400	0.4693	0.7000	0.6200
129	中国草学会	0.5623	0.5400	0.4375	0.7000	0.6800
130	中国造船工程学会	0.5614	0.5400	0.4648	0.7000	0.6200
131	中国野生动物保护协会	0.5594	0.6225	0.5016	0.7000	0.3400
132	中国图象图形学学会	0.5593	0.3900	0.6325	0.7000	0.6200
133	中国生物材料学会	0.5593	0.5125	0.4899	0.7000	0.6200
134	中国档案学会	0.5555	0.5400	0.4749	0.7000	0.5600
135	中国免疫学会	0.5551	0.4800	0.5135	0.7000	0.6200
136	中国光学工程学会	0.5548	0.3300	0.6875	0.7000	0.6200
137	中国微米纳米技术学会	0.5534	0.4125	0.5868	0.7000	0.6200
138	中国职业安全健康协会	0.5530	0.3625	0.6438	0.7000	0.6200
139	中国遗传学会	0.5506	0.5025	0.4725	0.7000	0.6200
140	中国感光学会	0.5505	0.5025	0.4722	0.7000	0.6200
141	中国天文学会	0.5490	0.4800	0.5233	0.7000	0.5600
142	中国高科技产业化研究会	0.5488	0.4825	0.4899	0.7000	0.6200
143	中国宇航学会	0.5485	0.4800	0.6650	0.5600	0.4600
144	中国生物工程学会	0.5465	0.4800	0.4850	0.7000	0.6200
145	中国大坝工程学会	0.5425	0.3900	0.5765	0.7000	0.6200
146	中国动力工程学会	0.5424	0.5725	0.4100	0.6300	0.6200
147	中国植物营养与肥料学会	0.5383	0.4500	0.4925	0.7000	0.6200
148	中国消防协会	0.5374	0.3900	0.5597	0.7000	0.6200
149	中国睡眠研究会	0.5328	0.3600	0.6725	0.5600	0.6200
150	中国抗癌协会	0.5299	0.4800	0.5696	0.4900	0.6200
151	中国女医师协会	0.5247	0.3325	0.5843	0.7000	0.6200
152	中国菌物学会	0.5232	0.3900	0.5123	0.7000	0.6200

续表

序号	单位	总指数	应用指数	网站指数	安全指数	保障指数
153	中国可再生能源学会	0.5186	0.3900	0.5437	0.6300	0.6200
154	中国基本建设优化研究会	0.5182	0.4500	0.4723	0.6300	0.6200
155	中国自然资源学会	0.5177	0.4825	0.3860	0.7000	0.6200
156	中国遥感应用协会	0.5165	0.3600	0.5250	0.7000	0.6200
157	中国环境诱变剂学会	0.5154	0.4800	0.4712	0.7000	0.4400
158	中国印刷技术协会	0.5146	0.4225	0.5858	0.7000	0.3400
159	中国麻风防治协会	0.5144	0.4500	0.5062	0.5600	0.6200
160	中国石油学会	0.5126	0.3900	0.5071	0.7000	0.5600
161	中国国际经济技术合作促进会	0.5113	0.4825	0.5048	0.7000	0.3400
162	中国真空学会	0.5093	0.4825	0.4849	0.6300	0.4600
163	中国心理卫生协会	0.5084	0.4800	0.4514	0.5600	0.6200
164	中国运筹学会	0.5076	0.5025	0.4225	0.5600	0.6200
165	中国自然辩证法研究会	0.5069	0.5125	0.4050	0.7000	0.4400
166	中国物理学会	0.5068	0.3525	0.5314	0.7000	0.5600
167	中国生态学学会	0.5042	0.4500	0.4722	0.5600	0.6200
168	中国科学技术史学会	0.5008	0.4800	0.3625	0.7000	0.5600
169	中国未来研究会	0.4971	0.6025	0.4406	0.5600	0.2800
170	中国空气动力学会	0.4971	0.4125	0.4525	0.7400	0.4600
171	中国医学救援协会	0.4971	0.3900	0.5320	0.6300	0.5000
172	中国古生物学会	0.4940	0.3325	0.4820	0.7000	0.6200
173	中国植物学会	0.4930	0.4800	0.4167	0.7000	0.4000
174	中国科教电影电视协会	0.4921	0.5500	0.3919	0.7000	0.2800
175	中国科学学与科技政策研究会	0.4908	0.4525	0.4713	0.7000	0.3400
176	中国科学探险协会	0.4893	0.2800	0.5275	0.7000	0.6200
177	中国昆虫学会	0.4840	0.3900	0.4918	0.7000	0.4000
178	中国解剖学会	0.4827	0.3600	0.4724	0.7000	0.5000

续表

序号	单位	总指数	应用指数	网站指数	安全指数	保障指数
179	中国青藏高原研究会	0.4795	0.3900	0.4567	0.7000	0.4400
180	中国法医学会	0.4745	0.3900	0.3800	0.7000	0.5600
181	中国植物病理学会	0.4738	0.3900	0.3775	0.7000	0.5600
182	中国密码学会	0.4727	0.3000	0.4789	0.7000	0.5600
183	中国造纸学会	0.4722	0.4800	0.4573	0.4900	0.4600
184	中国微生物学会	0.4682	0.4800	0.5341	0.7000	0.0000
185	中国中文信息学会	0.4592	0.3225	0.4245	0.6300	0.6200
186	中国工艺美术学会	0.4555	0.1600	0.5549	0.7000	0.6200
187	中国航空学会	0.4351	0.1500	0.4986	0.7000	0.6200
188	中国工程教育专业认证协会	0.4329	0.1825	0.3635	0.7000	0.8000
189	中国经济科技开发国际交流协会	0.4324	0.2100	0.3297	0.8800	0.5600
190	中国管理现代化研究会	0.4288	0.2400	0.5125	0.7000	0.3400
191	中国微循环学会	0.4197	0.2100	0.3772	0.7000	0.6200
192	中国认知科学学会	0.4010	0.1500	0.3850	0.7000	0.6200
193	中国空间科学学会	0.3762	0.1200	0.4306	0.5600	0.6200
194	中国微量元素科学研究会	0.3136	0.3225	0.3290	0.4200	0.1200
195	中国可持续发展研究会	0.3008	0.2400	0.4125	0.4200	0.0600

注：中国创造学会、中国文物保护技术协会、国际粉体检测与控制联合会、中国国土经济学会、中国检验检测学会、中国工程热物理学会、中国工程机械学会、中国蚕学会、中国现场统计研究会、中国惯性技术学会、中国农业历史学会、中国振动工程学会、中国知识产权研究会、国际数字地球学会、国际动物学会共计15家全国学会因数据无法获取，故未参加本次评估。

2020年8月195家全国学会信息化发展指数平均值为0.6034，如图1-1所示，信息化建设水平仍然有较大的进步空间。

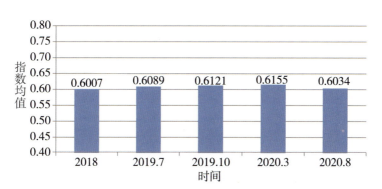

图1-1 全国学会信息化发展指数均值对比

2020年195家全国学会中信息化发展指数高于均值0.6034的有93家，占比47.69%，较2019年信息化发展指数高于均值的全国学会数量占比48.72%略有下降。

如图1-2所示，2020年8月全国学会信息化发展指数标准差为0.0970，与2018年的0.1023、2019年7月的0.1129相比略有下降，全国学会之间信息化发展指数离散程度有所收敛，信息化建设水平差距有所缩小。

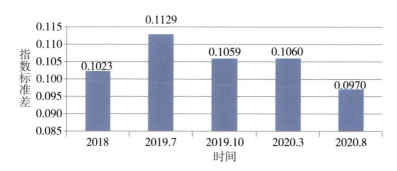

图1-2 全国学会信息化发展指数标准差及趋势

2020年全国学会信息化发展指数普遍集中在0～0.7，共有162家单位，占总数的83%，代表了信息化建设的整体水平，如图1-3所示。其中，指数在 0~0.6 的单位数量最多，共有 98 家，占总数的 50%，说明全国学会信息化发展水平整体不高。有 8 家单位信息化发展指数高于 0.8，在全国学会中处于领先地位。

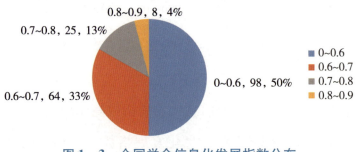

图 1-3　全国学会信息化发展指数分布

2020 年全国学会信息化发展指数最高为 0.8928，最低为 0.3008，极差较大（如图 1-4 所示），表明信息化建设水平领先单位与落后单位相差悬殊。

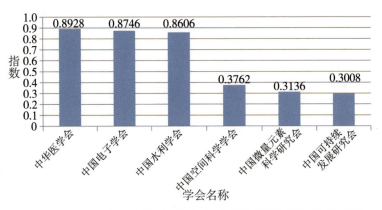

图 1-4　2020 年全国学会信息化发展指数高分与低分对比

从全国学会各项指标均值来看，全国学会安全指标建设情况比较好，指数均值为 0.7233；其次是网站指标和保障指标，指数均值约为

0.6；应用指标建设情况较差，指数均值为 0.5371，如图1-5所示。

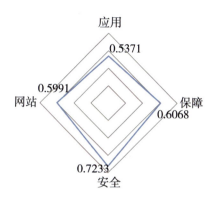

图 1-5　全国学会各指标指数均值

信息化发展指数在 0.8～1.0 的全国学会中，应用指标、安全指标、网站指标建设情况较好。其中应用指标建设情况最好，指数均值达到了 0.8894；保障指标指数为 0.7850，在四个指数中处于最低水平，如图 1-6 所示。

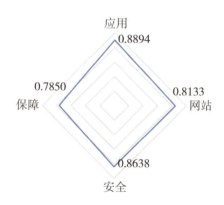

图 1-6　指数在 0.8～1.0 的全国学会各指标指数均值

信息化发展指数在 0.7～0.8 的全国学会中，安全指标建设情况最好，为 0.8280；应用指标在四个指数中处于最低，为 0.6819，如图 1-7 所示。

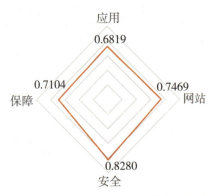

图1-7　指数在0.7～0.8的全国学会各指标指数均值

信息化发展指数在0.6～0.7的全国学会中，安全指标指数均值最高，达到0.7277；网站和保障指标指数均值超过了0.6，分别为0.6488、0.6259；应用指标指数较低，为0.5888，如图1-8所示。

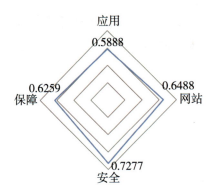

图1-8　指数在0.6～0.7的全国学会各指标指数均值

信息化发展指数在0～0.6的单位中，只有安全指标指数均值超过0.6，其他三项指标指数均值均低于0.6，应用指数建设情况最差，指数均值只有0.4377，如图1-9所示。

2. 省级科协评估结果

省级科协的信息化建设水平整体持续提高，各省级科协间的信息化

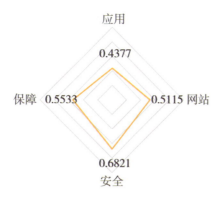

图 1-9 指数在 0~0.6 的全国学会各指标指数均值

建设水平差距持续缩小。省级科协的信息化建设指数整体位于中等水平，建设水平较高、较低的省级科协占比均较小，但建设水平较高的省级科协与建设水平较低的省级科协之间的差距较大。其中，省级科协的安全指标、网站指标建设较好，应用指标、保障指标建设水平有待提高。

2020 年省级科协信息化建设评估结果如表 1-3 所示。

表 1-3 2020 年省级科协信息化建设评估结果

序号	单位	总指数	应用指数	网站指数	安全指数	保障指数
1	湖北科协	0.9259	0.9900	0.8947	0.8800	0.9000
2	北京科协	0.9040	0.9600	0.8767	0.8800	0.8600
3	江苏科协	0.8913	0.8700	0.9393	0.8800	0.8600
4	河南科协	0.8784	1.0000	0.8046	0.8800	0.7400
5	吉林科协	0.8510	0.7925	0.8754	0.8800	0.9000
6	重庆科协	0.8505	0.7850	0.9424	0.8800	0.7800
7	内蒙古科协	0.8445	0.7550	0.9574	0.8800	0.7800
8	新疆科协	0.8203	0.7675	0.8221	1.0000	0.7000

序号	单位	总指数	应用指数	网站指数	安全指数	保障指数
9	浙江科协	0.7911	0.8275	0.7148	0.8800	0.7400
10	甘肃科协	0.7871	0.6575	0.9198	0.8800	0.7000
11	四川科协	0.7853	0.9100	0.7193	0.8800	0.5000
12	山东科协	0.7852	0.6050	0.8148	1.0000	0.8600
13	上海科协	0.7808	0.6950	0.9153	0.8800	0.5800
14	云南科协	0.7801	0.6625	0.8106	1.0000	0.7000
15	广西科协	0.7796	0.7525	0.7040	0.8800	0.8600
16	辽宁科协	0.7627	0.8675	0.6937	0.8800	0.5000
17	山西科协	0.7389	0.6400	0.7795	0.8800	0.7000
18	陕西科协	0.7335	0.6825	0.7721	0.8800	0.5800
19	宁夏科协	0.7267	0.6525	0.6444	0.8800	0.8600
20	福建科协	0.7110	0.6350	0.7324	0.8800	0.6200
21	河北科协	0.6992	0.6650	0.6182	0.8800	0.7000
22	广东科协	0.6936	0.6025	0.7324	0.8800	0.5800
23	黑龙江科协	0.6775	0.6025	0.7389	0.8800	0.4600
24	湖南科协	0.6546	0.4525	0.6975	1.0000	0.5800
25	安徽科协	0.6326	0.5250	0.6794	0.8800	0.4600
26	海南科协	0.6282	0.5100	0.6824	0.8800	0.4600
27	天津科协	0.6229	0.5125	0.6619	0.8800	0.4600
28	青海科协	0.6119	0.6000	0.5231	0.8800	0.4600
29	贵州科协	0.6100	0.4425	0.7003	0.8800	0.4600
30	江西科协	0.5719	0.4200	0.5396	0.8800	0.5800
31	西藏科协	0.4814	0.4200	0.4514	0.7400	0.3400

2020 年 8 月省级科协信息化发展总指数均值为 0.7423，较 2019 年 10 月提升了 0.0201，信息化发展指数持续上升，离散程度持续收敛，如图 1 – 10 所示。

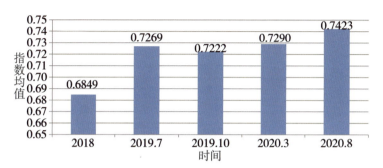

图 1 – 10   省级科协信息化发展指数均值对比

省级科协信息化发展指数离散程度持续好转，2020 年 8 月信息化发展指数标准差为 0.1050，比 2019 年 10 月的 0.1067 下降了 0.0017，比 2018 年的 0.1257 下降了 0.0207，说明各省级科协的信息化建设水平差距逐渐缩小，如图 1 – 11 所示。

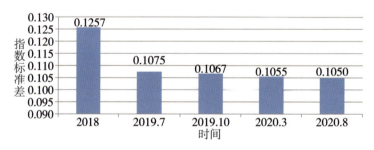

图 1 – 11   省级科协信息化发展指数标准差

省级科协信息化发展整体位于中等水平，但信息化发展指数差距较大。信息化发展指数在 0.7 ~ 0.8 的单位最多，有 12 家单位，占总数的 39%，代表了省级科协信息化建设的总体水平，如图 1 – 12 所示。6 家省级科协（含江苏科协、河南科协、内蒙古科协、吉林科协、新疆科协、重庆科协）信息化发展指数在0.8～0.9，信息化发展指数较高，说明信息化发展水平较好。有2家省级科协（北京科协、湖北科协）信息化发展指数在0.9以上，说明整体信息化水平处于全国领先位置，建设成果突出。2家省级科协（江西科协、西藏科协）信息化发展指数低于0.6，说明信息化发展水平较差。

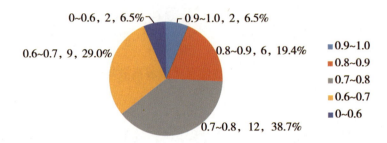

图1-12　省级科协信息化发展指数分布

2020年省级科协信息化发展指数最高的为0.9259，最低的为0.4814，极差较大，说明省级科协之间信息化发展差距较大，如图1-13所示。

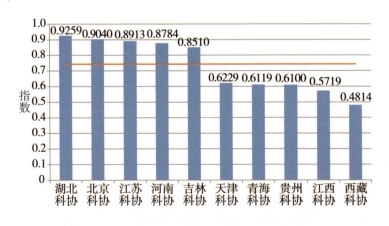

图1-13　2020年省级科协信息化发展指数分布

从省级科协各项指标均值来看，省级科协安全指标建设情况最好，指数均值为 0.8910；其次是网站指标，指数均值为 0.7535；保障指标和应用指标的指数均值均超过了 0.6，如图1-14所示。

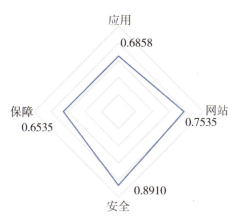

图 1-14 省级科协各指标指数均值

如图 1-15 所示，信息化发展指数在 0.9~1.0 的省级科协中，应用指标的建设情况最好，指数均值为 0.9750；安全、保障指标的指数均值均为 0.8800。

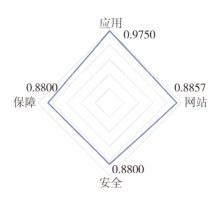

图 1-15 指数在 0.9~1.0 的省级科协各指标指数均值

如图 1-16 所示，信息化发展指数在 0.8~0.9 的省级科协中，应用、网站、安全指标指数均值均超过了 0.8，其中安全指标指数最高，为 0.9000。

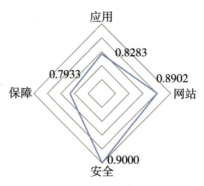

图 1 – 16　指数在 0.8 ~ 0.9 的省级科协各指标指数均值

如图 1 – 17 所示，信息化发展指数在 0.7 ~ 0.8 的省级科协中，安全、网站、应用指标指数均值均超过 0.7，其中安全指标指数最高，为 0.9000；保障指标指数均值均不足 0.7。

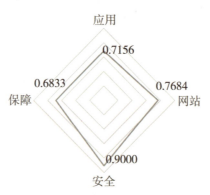

图 1 – 17　指数在 0.7 ~ 0.8 的省级科协各指标指数均值

如图 1 – 18 所示，信息化发展指数在 0.6 ~ 0.7 的省级科协中，安全指标指数均值较高，为 0.8933；应用、保障指标指数均值较低，均不足 0.6。

图 1 – 18　指数在 0.6 ~ 0.7 的省级科协各指标指数均值

如图 1 – 19 所示，信息化发展指数在 0 ~ 0.6 的省级科协中，安全指标建设情况最好，指数均值达到 0.8100；网站、保障、应用指标建设情况较差，指数均值分别为 0.4955、0.4600、0.4200。

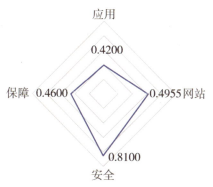

图 1 – 19　指数在 0 ~ 0.6 的省级科协各指标指数均值

（二）主要结论

"十三五"期间，特别是 2018 年启动"智慧科协"建设以来，全国学会、省级科协围绕助力强"三性"、建"三型"、提升"四服务"质量和效能，不断提升组织力、凝聚力、影响力，为科技工作者服务，实现信息化建设跨越式发展。由应用阶段向资源整合阶段迈进，信息化与科协系统各项工作深入融合。建成办公外网，提高了办公效率。以应用为导向，全面推进学术、科普、智库、人才、办公等业务信息化建设，信息化建设水平和服务能力持续提升。初步建成科普、学术、会员、期刊、人才等数据资源库，初步实现科协系统业务数据汇聚、连接。科协系统新媒体快速发展，科协系统网上引领力、传播力、影响力显著提升。网络安全体系进一步健全，安全保障能力、应急处理能力、抵御安全风险能力不断加强。科协系统网络信息化工作联络员队伍、中国科协网信息员队伍初步建成。信息化建设为全国学会、省级科协事业发展提供了技术支撑。

1. 业务信息化建设成效显著

全国学会业务信息化建设已初显成效，超过 2/3 的全国学会已经建立起期刊系统、会议管理系统、会员管理系统等。约 2/3 的全国学会已经开始建立和应用能够覆盖更多职能的其他类型业务系统。

省级科协的基础系统建设水平较高，基础业务已基本开通线上服务通道。有 OA 系统的省级科协达到 31 家，建设覆盖率达 100%，OA 系统建设水平明显提高；省级科协已经实现视频会议系统的 100% 覆盖；在线服务方面，省级科协基本上实现业务的线上化，如科学普及、科技智库、项目申报工作平台、服务窗口；所有省级科协均提供了项目申报信息，约 2/3 的省级科协实现了项目申报工作平台的线上化并设置了服务窗口。

2. 数据资源建设取得成效

全国学会、省级科协已经初步搭建完成部分数据资源库。大部分全国学会已经建设并使用科普数据资源、学术数据资源，半数以上的单位已经开始建立和应用能够覆盖更多业务职能的其他类型的数据资源库。所有省级科协拥有科普资源平台，完成办公数据资源建设的达到 31 家，超过一半的省级科协建设了专家资源库、学术资源库和智库资源库，以便服务于科技工作者、社会公众，为党和政府科学决策提供支撑。

3. 新媒体建设快速发展

全国学会和省级科协的网站内容建设水平较高，主要门类的信息大部分已经实现公开。全国学会工作动态、组织机构、通知公告、财务统计已基本实现公开，其中公开财务统计的单位由 2018 年的 16 家增长至 2020 年的 195 家，数量实现大幅度增加。省级科协学术交流、科学普及、通知公告、组织机构、工作动态、党建工作六类信息已实现 100% 公开。

基于移动终端的信息公开应用建设情况有所提升，网站和移动端的内容融合、业务融合、功能融合发展取得了一定的进步。超过 86% 的全国学会有微信公众号，31 家省级科协实现微信公众号 100% 覆盖，有微博账号、移动 App 的单位的数量呈现增长趋势。

全国学会和地方科协的网站用户体验水平较高。全国学会首页每两三天更新的单位数量达到 61 家，呈现增长趋势。全国学会网站链接有效性为优秀的单位已超过 90%，省级科协网站链接有效性为优秀的单位增至 29 家，全国学会、省级科协网站链接有效性均呈现增长趋势。

4. 网络安全防护能力不断加强

2020 年全国学会、省级科协安全防护建设指数均在 0.95 以上，科协系统安全建设情况整体较好。省级科协的安全防护水平进步较快。省级科协年度重大网络与信息安全事件发生次数为 0，超过 90% 的单位对网络信息安全进行自查，并对重要的数据和应用系统进行了容灾备份。

5. 信息化重视程度逐步提高，队伍建设成果丰硕

全国学会对信息化建设工作的重视程度较高，约有 90% 的单位主要负责同志分管信息化工作。省级科协的信息化制度保障情况较好，

已经开始重视信息化发展组织建设，有信息化规章或制度的单位已经超过 2/3。

信息化队伍建设方面，超过 96% 的全国学会增加了信息员，并参加信息化相关培训。31 家省级科协全部增加信息员和网络信息化工作联络员，并且都参加过信息化相关培训。

六、全国学会信息化建设数据分析

（一）总体分析

从各项指标指数均值来看，安全指标指数均值高于总指数均值，为 0.7233，说明在各项指标中，全国学会在安全指标上建设最好。网站、应用、保障指标指数均值低于总指数均值，其中应用指标指数均值最低，为 0.5371，如图 1 - 20 所示。因此，在未来的建设中，需加大应用方面的投入。

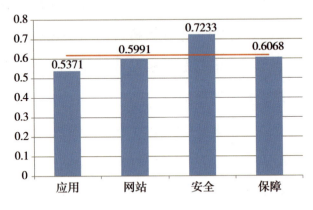

图 1 - 20　全国学会各指标指数均值

（二）应用指标分析

全国学会的应用指标建设水平普遍较低，仅个别学会的建设情况较好。应用指标建设的短板是数据资源建设，主要表现在人才数据库、智库数据库、办公数据库的缺失情况较普遍。

从全国学会应用指标指数分布来看，如图 1 – 21 所示，在 195 家全国学会中，共有 135 家单位应用指标指数不高于 0.6，占总数的 69%，应用指标建设情况整体不高；10 家全国学会应用指标指数在 0.8 以上，其中，指数在 0.9 以上的单位有 5 家。

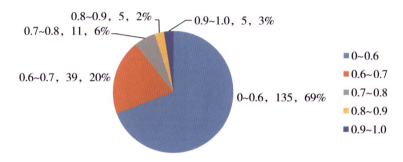

图 1 – 21　全国学会应用指标指数分布

从应用指标的二级指标指数分布来看，如图 1 – 22 所示，业务系统建设二级指标指数均值高于数据资源建设二级指标指数均值，可见全国学会业务系统建设水平明显高于数据资源建设水平。

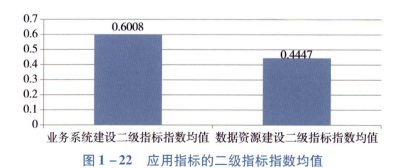

图 1 – 22　应用指标的二级指标指数均值

如图 1 – 23 所示，97 家单位业务系统建设指数未超过 0.6，占本次全国学会评估单位总数的 50%；7 家单位业务系统建设指数高于 0.9。

数据资源建设指数低于 0.6 的单位有 159 家，占总数的 82%，其中 2 家单位数据资源建设指数为 0；数据资源建设指数大于 0.6 的单位仅有 36 家，占全国学会总数的 18%；5 家单位数据资源建设指数高于 0.9。

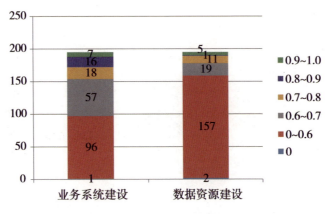

图 1-23　应用指标的二级指标指数分布

1. 业务系统建设

全国学会业务系统建设的特点，是基于自下而上的业务驱动，全国学会的科技工作者服务、学术会议、学术期刊业务能力较强，对应的会员管理系统、会议管理系统、学术期刊系统业务需求较强，建设情况总体较好。但自下而上的业务系统建设缺乏中国科协层面的统筹规划，在后续各垂直业务协同方面存在较大的 IT（互联网技术）治理难度。

在 195 家全国学会中，如图 1-24 所示，185 家学会有会员管理系统，174 家学会有期刊系统，占比均达 89% 以上。128 家学会有会议管理系统，占比达 65% 以上。有 OA 系统的全国学会较少，仅约占 22%。

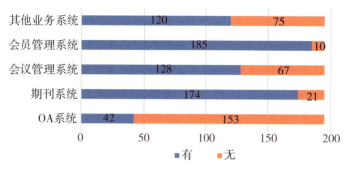

图 1 - 24　业务系统建设情况

除上述系统之外，如图 1 - 25 所示，全国 210 家学会中，有 120 家学会有其他业务系统，包括中国水利学会、中国电子学会、中华医学会、中国农村专业技术协会等。

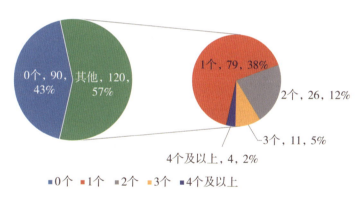

图 1 - 25　其他业务系统数量及占比

2. 数据资源建设

全国学会的数据资源建设，同样表现为自下而上的业务驱动的特点，业务需求较强的学术数据资源、科普数据资源库建设水平较高，但人才数据、智库数据、办公数据的缺失情况较严重。各垂直口径自下而上的数据资源建设，缺乏基于统一的数据中台统筹，跨数据库的数据共享和数据应用的难度较大。

在数据资源建设指标中，如图1-26所示，建设情况较好的为学术数据资源，有179家学会建设，其次是科普数据资源，有176家学会建设。智库数据资源、办公数据资源建设情况较差，仅有约20%的全国学会建设。

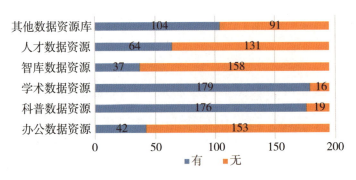

图1-26　数据资源建设情况

（三）网站指标分析

全国学会网站指标建设的水平差距较大。信息公开、用户体验两个指标建设情况普遍较好，但互动交流普遍较差，成为短板，需学会加强对业务的交互服务能力。

从全国学会网站指标指数来看，如图1-27所示，指数在0~0.6的单位最多，共有101家，占总数的52%；指数在0.6~0.7的单位有49家，占全国学会总数的25%；中华医学会、中国汽车工程学会两家网站指标指数高于0.9，在全国学会中处于领先地位。

在网站指标的二级指标中，如图1-28所示，信息公开、用户体验两个指标指数均值高于一级指标。其中，全国学会信息公开指标建设情况最好，指数均值最高，达到了0.9069。二级指标在线服务、移动应

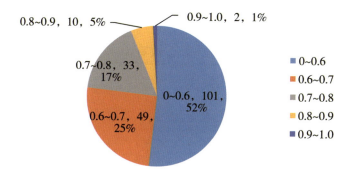

图 1 – 27 全国学会网站指标指数分布

用、互动交流指标指数均值低于一级指标。其中，互动交流指标指数均值明显低于其他指标，仅 0.1128。

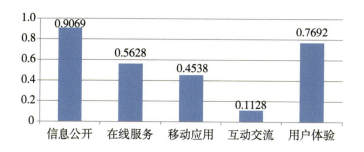

图 1 – 28 网站指标的二级指标指数均值

从网站指标二级指标指数分布来看，如图 1 – 29 所示，信息公开指标建设情况最好。所有单位的信息公开指数均高于 0.6，其中 87 家单位该指标的指数在 0.9 以上，占总数的 45%。

在线服务指标建设情况较好，指数高于 0.6 的单位有 101 家，占全国学会总数的 52%，其中 50 家单位指数高于 0.9。

移动应用指标建设情况较差，指数高于 0.6 的单位仅有 42 家，约占全国学会总数的 22%。大部分全国学会需要加大对移动应用的建设。

互动交流指标建设情况最差，190 家单位指数小于 0.6，占全国学会总数的 97%；5 家单位互动交流指数在 0.9 ~ 1.0。但仍有中华医学会、中国建筑学会、中国反邪教协会、中国海洋工程咨询协会、中国中西医结合学会 5 家全国学会互动交流指标指数为 1，可作为全国学会互动交流建设的参考。

用户体验指标建设情况较好，所有单位指数均高于 0.6，其中指数在 0.7 ~ 0.8 的单位最多，有 99 家，占全国学会总数的 51%。

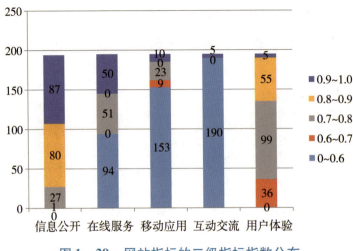

图 1 - 29　网站指标的二级指标指数分布

1. 信息公开

如图 1 - 30 所示，195 家全国学会在财务统计、工作动态、通知公告、组织机构方面实现了较为全面的信息公开。超过 70% 的单位在表彰奖励、组织建设、国际交流、学术交流、科学普及方面实现了信息公开。科技智库信息公开情况较差，仅有不到 50% 的单位实现公开，在今后的工作中应加强重视，进一步深化和加强相关工作的建设。

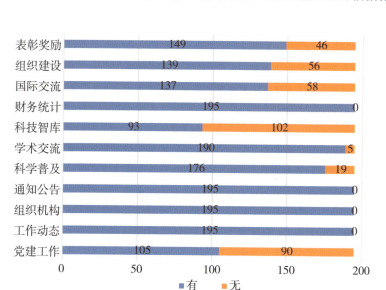

图1-30　信息公开情况

如图1-31所示，对于主要业务工作信息（包括科学普及、学术交流、科技智库、财务统计、国际交流、组织建设、表彰奖励及党建工作8类信息）的公开，195家全国学会中，做到8类全部公开的有36家，占比19%；做到6~7类公开的有90家，占比46%；做到4~5类公开的有57家，占比29%；做到1~3类公开的有12家，占比6%。

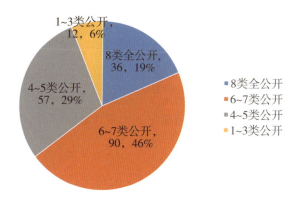

图1-31　信息公开系统数量及占比

2. 在线服务

如图 1-32 所示，179 家全国学会提供项目申报信息，占总数的 92%；16 家单位无项目申报信息。

195 家全国学会中，未提供服务窗口的单位有 91 家，约占 47%，未来需进一步加强全国学会网站服务窗口的建设工作。

如图 1-33 所示，其中 52 家全国学会有项目申报工作平台，127 家全国学会无项目申报工作平台，但提供项目申报信息。

图 1-32　在线服务情况

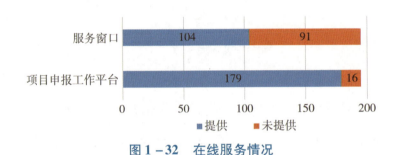

图 1-33　项目申报工作平台建设情况

3. 移动应用

如图 1-34 所示，195 家全国学会中，大多数单位完成了微信公众号的建设，占总数的 87%。拥有微博账号和移动 App 的单位较少，分别为 54 家和 48 家，均不足总数的 30%。

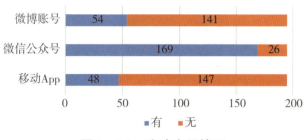

图 1 - 34　移动应用情况

4. 互动交流

如图 1 - 35 所示，全国学会在互动交流方面总体建设情况较差，仅有 7 家单位设立了投诉信箱，不足总数的 4%。37 家全国学会设立了网上调查或意见征集，不足总数的 20%。

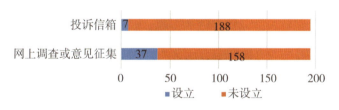

图 1 - 35　互动交流情况

5. 用户体验

从提供搜索功能来看，如图 1 - 36 所示，195 家全国学会中，有网站搜索功能的单位有 133 家，占全国学会总数的 68%。从首页更新情况来看，如图 1 - 37 所示，首页更新情况较差：没有一家学会首页达到每日更新；134 家单位首页每 4 日及以上更新一次，占比 69%；10 家单位每 2 日更新一次。从网站链接有效性来看，如图 1 - 38 所示，网站链接有效性全部为优秀。从英文版网站建设情况来看，如图 1 - 39 所示，已有 86 家学会有英文版网站，超过全国学会总数的 44%。

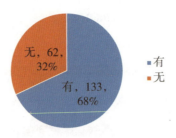

图1－36　搜索功能情况

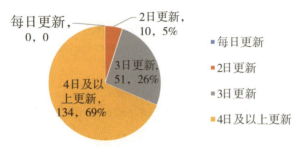

图1－37　首页更新情况

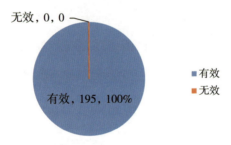

图1－38　网站链接有效性情况

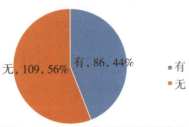

图1－39　英文版网站建设情况

（四）安全指标分析

全国学会的安全指标建设平均水平较高，但各个学会间的建设水平差距较大。安全防护情况普遍较好，但安全管理水平普遍不高，信息安全等级保护级别普遍较低，网络与信息安全事件应急处置预案需加强完善，年度重大网络与信息安全事故仍然较多。

从全国学会安全指标指数分布来看，如图 1－40 所示，指数集中在 0.6～0.7 的全国学会共有 134 家，占总数的 69%，安全指标建设情况整体较好。指数在 0.8～0.9 的单位共有 41 家，占总数的 21%。中国计算机学会、中华预防医学会、中国图书馆学会、中国铁道学会 4 家学会的安全指标指数为 1。

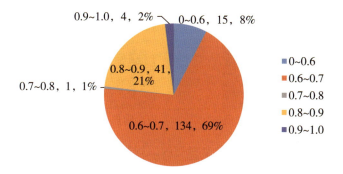

图 1－40　全国学会安全指标指数分布

安全指标的二级指标中，安全防护指数均值明显高于安全管理，安全管理、安全防护两项指标的指数差距较大，如图 1－41 所示，说明全国学会安全防护建设水平高于安全管理建设水平。

如图 1－42 所示，从二级指标指数的单位分布来看，4 家全国学会（中国计算机学会、中华预防医学会、中国图书馆学会、中国铁道学会）的安全管理指数超过了 0.9，安全管理工作取得较好成果；191 家全国学会的安全管理指数未超过 0.6，其中 147 家全国学会的安全管理指数为 0，说明不少全国学会还没有开展安全管理工作。

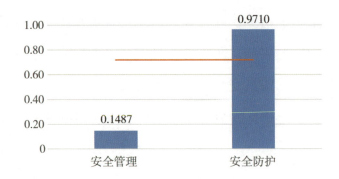

图 1-41　安全指标的二级指标指数均值

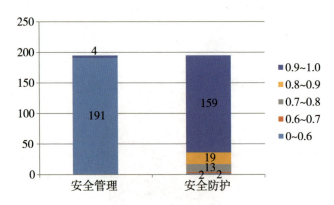

图 1-42　安全指标的二级指标指数分布

安全防护工作开展情况较好，159 家单位安全防护指数达到 0.9 及以上，占全国学会总数的 82%。

1. 安全管理

如图 1-43 所示，全国学会安全管理情况较差，仅有 11 家单位达到国家信息系统安全第二等级保护，不足总数的 6%；41 家全国学会有网络与信息安全应急处置预案，仅占总数的 21%。

2. 安全防护

如图 1-44 所示，全国学会安全防护建设情况较好，绝大多数单位进行网络与信息安全自查，对重要的数据和应用系统进行容灾备份。

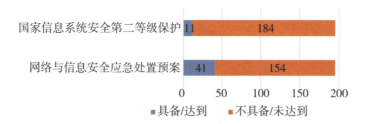

图 1 – 43　安全管理情况

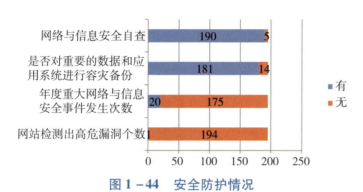

图 1 – 44　安全防护情况

（五）保障指标分析

全国学会的保障指标建设普遍处于中等水平。队伍建设情况普遍较好，领导对信息化建设工作高度重视，但规章制度、执行角色普遍不明晰，新技术的应用落地相对空白。

从全国学会保障指标指数分布来看，如图 1 – 45 所示，指数集中在 0.6 ~ 0.7 的单位共有 128 家，占全国学会总数的 65.6%。中国计算机学会、中国人工智能学会两家学会指数较高，分别为 0.92、0.90。

如图 1 – 46 所示，保障指标的二级指标中，队伍建设指标指数均值明显高于其他两项指标，达到了 0.9487，说明全国学会队伍建设水平较高。组织建设、新信息技术应用指标指数均低于一级指标均值，新信息技术应用指标指数最低，仅为 0.2626。可见，全国学会在组织建设、新信息技术应用两项指标建设上均需要加大投入。

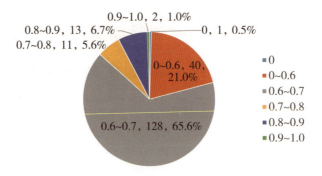

图 1 –45   全国学会保障指标指数分布

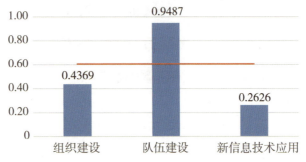

图 1 –46   保障指标的二级指标指数均值

从保障指标二级指标指数分布来看，如图 1 – 47 所示，组织建设指标指数集中在 0 ~ 0.6 的单位有 168 家，占全国学会总数的 86%；指数不低于 0.6 的单位仅有 27 家，占全国学会总数的 14%。

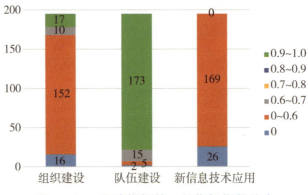

图 1 –47   保障指标的二级指标指数分布

队伍建设指标指数集中在 0.9~1.0 的单位共有 173 家，占全国学会总数的 89%，188 家单位指数不低于 0.6。

新信息技术应用指标的指数普遍较低，169 家全国学会指数低于 0.6，26 家单位指数为 0。中国计算机学会新信息技术应用指数最高，达到 0.6；其次是中国人工智能学会，新信息技术应用指数达到 0.5。

1. 组织建设

如图 1-48 所示，从组织建设情况来看，绝大多数单位主要负责同志都已分管信息化工作。但既设计信息化工作机构，又制定信息化相关规章制度、规划的单位不到 15%。

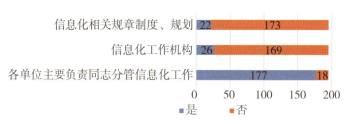

图 1-48　组织建设情况

2. 队伍建设

如图 1-49 所示，全国学会队伍建设情况较好，参加信息化相关培训的单位有 178 家，占全国学会总数的 91%；有信息员的单位有 188 家，占全国学会总数的 96%。

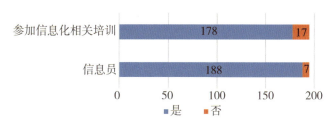

图 1-49　队伍建设情况

3. 新信息技术应用

如图 1-50 所示，从新信息技术应用情况来看，中国智能学会应用云计算技术，中国计算机学会应用大数据技术，应用移动互联网技术的单位有 169 家，占总数的 87% 。

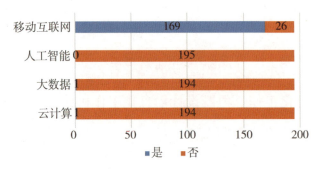

图 1-50　新信息技术应用情况

（六）各学科学会信息化建设评估情况分析

从各学科学会信息化建设总体情况看，如图 1-51 所示，工科、农科、医科学会信息化建设的平均水平较高，信息化发展指数高于其他学科学会平均值。医科学会信息化发展指数平均值最高，达到了 0.6202，信息化建设水平处于领先地位。理科、交叉学科学会信息化发展指数均低于平均值，其中交叉学科学会信息化发展指数最低，为 0.5587，信息化建设水平有待提高。

1. 理科学会信息化建设情况分析

与所有学科平均水平相比，如图 1-52 所示，理科学会各项指标均低于所有学科学会均值。其中安全指标指数最高，为 0.7020；其次是保障指标，指数为 0.5936，应用指标指数为 0.5160，网站指标指数为 0.5826。

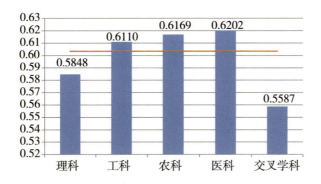

图 1 – 51　各学科学会信息化发展总指数均值

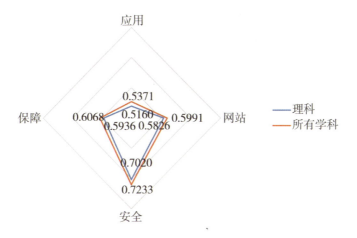

图 1 – 52　理科学会各指标建设情况

理科学会中，中国地质学会信息化建设水平最高，总指数在 0.8 以上，其次是中国环境科学学会、中国化学会等 5 家，总指数在 0.7 ~ 0.8。理科学会信息化建设总指数前十名如表 1 – 4 所示。

2. 工科学会信息化建设情况分析

整体来看，如图 1 – 53 所示，工科学会信息化建设水平较高，各项指标均高于所有学会平均水平。其中安全指标指数最高，为 0.7382，其次是网站指标，指数为 0.6336，保障指标指数为 0.6297，应用指标指数为 0.5554。

表1-4　理科学会信息化发展总指数前十名

排名	单位名称	总指数
1	中国地质学会	0.8025
2	中国环境科学学会	0.7779
3	中国化学会	0.7273
4	中国气象学会	0.7236
5	中国地理学会	0.7160
6	中国岩石力学与工程学会	0.7158
7	中国力学学会	0.6970
8	中国实验动物学会	0.6788
9	中国细胞生物学学会	0.6706
10	中国光学学会	0.6593

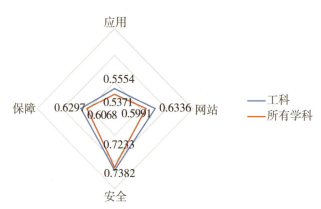

图1-53　工科学会各指标建设情况

　　工科学会中，中国电子学会、中国水利学会、中国汽车工程学会、中国公路学会、中国电机工程学会的信息化建设水平较高，总指数在0.8以上。工科学会中信息化发展总指数排名前十的如表1-5所示。

表 1 – 5 工科学会信息化发展总指数前十名

排名	单位名称	总指数
1	中国电子学会	0.8746
2	中国水利学会	0.8606
3	中国汽车工程学会	0.8576
4	中国公路学会	0.8453
5	中国电机工程学会	0.8291
6	中国建筑学会	0.7955
7	中国计算机学会	0.7813
8	中国照明学会	0.7646
9	中国海洋工程咨询协会	0.7510
10	中国纺织工程学会	0.7455

3. 农科学会信息化建设情况分析

农科学会信息化建设水平相对较高，如图 1 – 54 所示。安全指标指数最高，为 0.7471，其次依次为保障指标、网站指标、应用指标，指数依次为 0.6414、0.5733、0.5695。由此可见，与其他学科学会信息化建设水平相比，安全、保障、应用指标指数均高于全国平均水平，网站指标指数低于其他学科学会平均水平。

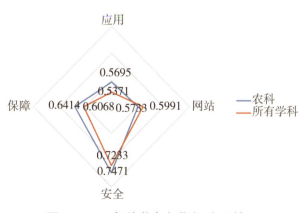

图 1 – 54 农科学会各指标建设情况

农科学会的整体信息化建设水平一般，总指数均在 0.8 以下，农科学会信息化发展总指数前十名如表 1 - 6 所示。

表 1 - 6   农科学会信息化发展总指数前十名

排名	单位名称	总指数
1	中国作物学会	0.7955
2	中国水产学会	0.6816
3	中国茶叶学会	0.6790
4	中国农学会	0.6710
5	中国水土保持学会	0.6488
6	中国热带作物学会	0.6185
7	中国畜牧兽医学会	0.6116
8	中国植物保护学会	0.6031
9	中国林学会	0.5981
10	中国园艺学会	0.5878

4. 医科学会信息化建设情况分析

医科学会信息化建设水平较高，如图 1 - 55 所示，其中安全指标指数为 0.7171，网站指标指数为 0.6247，保障指标指数为 0.6271，应用指标指数为 0.5579。除安全指标指数略低于其他学科学会平均水平，医科学会其他各项指标均高于其他学科学会平均水平。

医科学会中，中华医学会、中华预防医学会的信息化建设水平较高，总指数在 0.8 以上。医科学会信息化发展总指数前十名如表 1 - 7 所示。

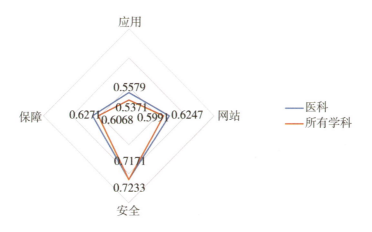

图 1 – 55　医科学会各指标建设情况

表 1 – 7　医科学会信息化发展总指数前十名

排名	单位名称	总指数
1	中华医学会	0.8928
2	中华预防医学会	0.8037
3	中华中医药学会	0.7372
4	中国药学会	0.7205
5	中国营养学会	0.7105
6	中华口腔医学会	0.7009
7	中国体育科学学会	0.6950
8	中华护理学会	0.6816
9	中国生物医学工程学会	0.6705
10	中国病理生理学会	0.6530

5. 交叉学科学会信息化建设情况分析

交叉学科学会信息化建设水平较低，如图 1 – 56 所示，安全指标指数为 0.7173，网站指标指数为 0.5346，保障指标指数为 0.5472，应用指标指数为 0.4935，各项指数均低于其他学科学会平均水平。

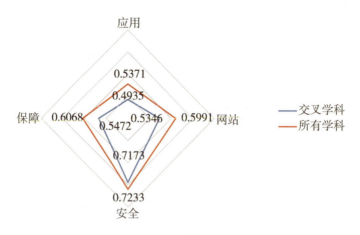

图 1 - 56　交叉学科学会各指标建设情况

交叉学科学会中，中国图书馆学会、中国城市规划学会的信息化建设水平相对较高，总指数在 0.7 ～ 0.8。交叉学科学会信息化发展总指数前十名如表 1 - 8 所示。

表 1 - 8　交叉学科学会信息化发展总指数前十名

排名	单位名称	总指数
1	中国图书馆学会	0.7497
2	中国城市规划学会	0.7437
3	中国科普作家协会	0.6941
4	中国自然科学博物馆协会	0.6904
5	中国青少年科技辅导员协会	0.6798
6	中国反邪教协会	0.6583
7	中国城市科学研究会	0.6363
8	中国土地学会	0.6201
9	中国流行色协会	0.6177
10	中国农村专业技术协会	0.6149

七、省级科协信息化建设数据分析

（一）总体分析

如图 1－57 所示，从省级科协各指标指数均值来看，网站指标指数、安全指标指数高于总指数均值，应用指标指数、保障指标指数均值低于总指数均值。省级科协在网站指标、安全指标建设上水平较高，在应用指标、保障指标建设上水平有待提高。

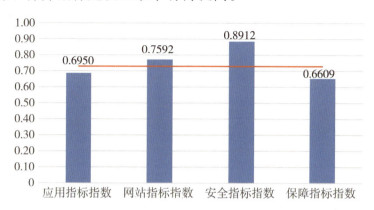

图 1－57　省级科协各指标指数均值

（二）应用指标分析

省级科协的应用指标建设水平差距较大。省级科协的视频会议系统、OA 系统搭建情况较好，但会议管理系统建设不足，这不利于对已搭建系统和资源的高效利用。人才数据库、智库数据库、学术数据库建设存在不足，也是主要的制约因素。

如图 1－58 所示，省级科协应用指标建设水平差异较大。应用指标指数高于 0.9 的单位有 4 家，占全国省级科协总数的 13%；应用指数在 0.6～0.7 的单位有 11 家，占单位总数的 35%。

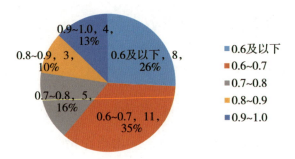

图1-58　省级科协应用指标指数分布

如图1-59所示，应用指标的二级指标中，业务系统建设指数均值低于数据资源建设指数均值，说明省级科协数据资源建设水平明显高于业务系统建设水平。

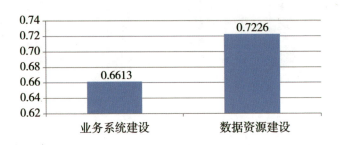

图1-59　应用指标的二级指标指数均值

如图1-60所示，从应用指标的二级指标指数分布来看，业务系统建设指数在0.9以上的单位有3家，数据资源建设在0.9以上的单位有9家；业务系统建设指数在0.6以下的单位有13家，数据资源建设指数在0.6以下的单位有9家。这说明业务系统建设水平低于数据资源建设水平，业务系统建设、数据资源建设都需要加大投入。

1. 业务系统建设

如图1-61所示，从业务系统建设情况来看，31家省级科协全部

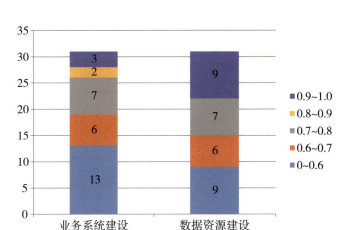

图 1-60 应用指标的二级指标指数分布

有 OA 系统、视频会议系统。拥有会员管理系统的省级科协有 17 家，占比 55%；仅有 5 家单位有会议管理系统。

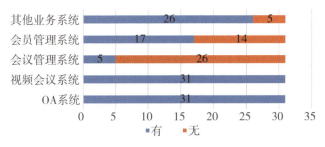

图 1-61 业务系统建设情况

如图 1-62 所示，除上述业务系统以外，26 家省级科协有其他业务系统，占比 84%。其中北京科协、江苏科协、河南科协、湖北科协、四川科协 5 家单位建设有 4 个业务系统。

2. 数据资源建设

如图 1-63 所示，从数据资源建设情况看，31 家省级科协均进行科普数据资源建设、办公数据资源建设。超过半数的单位已完成学术数

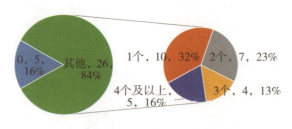

■0 ■1个 ■2个 ■3个 ■4个及以上

图 1 – 62　其他业务系统数量

据资源建设、智库数据资源建设和人才数据（专家）资源建设。

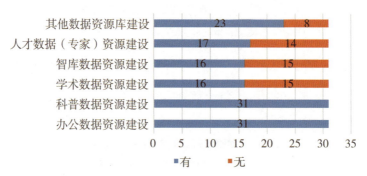

■有 ■无

图 1 – 63　数据资源建设情况

（三）网站指标分析

省级科协的网站指标建设水平较高，但各个省级科协的建设水平仍存在差距。主要业务信息基本实现公开，是提高网站建设水平最重要的促进因素。移动应用建设方面存在明显短板，是网站建设的主要制约因素。

如图 1 – 64 所示，省级科协网站指标建设水平较高，指数总体分布在 0.6 ~ 0.9，占单位总数的 74%。其中，指数在 0.7 ~ 0.8 的单位最多，有 11 家；指数在 0.6 以下的单位有 3 家，占全国省级科协总数的 10%；有 5 家单位指数高于 0.9，占总数的 16%。

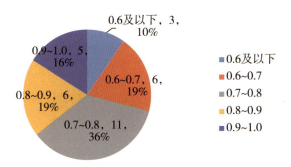

图1-64　省级科协网站指标指数分布

如图1-65所示,网站指标的二级指标中,信息公开、用户体验指标指数均值高于其他二级指标指数均值。移动应用、互动交流指标指数均值均低于其他二级指标指数均值。

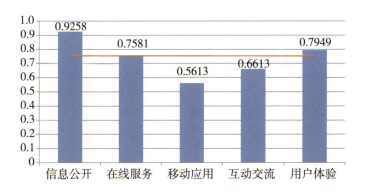

图1-65　网站指标的二级指标指数均值

如图1-66所示,从网站指标的二级指标指数分布来看,各单位信息公开指数均在0.7及以上,其中18家单位信息公开指数高于0.9,3家单位信息公开指数为0.7~0.8,可见省级科协信息公开建设水平整体较高。

在线服务指标指数高于0.9的单位有18家,0.6及以下的单位有9家,指标建设水平差距较大。

移动应用、互动交流两项指标，分别有 20 家、17 家单位的指数低于 0.6，说明在移动应用、互动交流的建设上需加强关注。

用户体验指标指数整体分布在 0.7 ~ 0.9，占全国省级科协总数的 81%，各单位在用户体验指标上差距不大，整体建设水平较高。

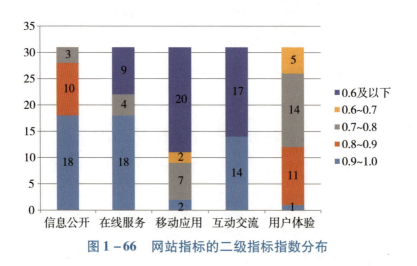

图 1-66　网站指标的二级指标指数分布

1. 信息公开

如图 1-67 所示，从信息公开情况来看，31 家省级科协实现了党建工作、工作动态、组织机构、通知公告、科学普及、学术交流信息公开。超过半数的省级科协实现了科技智库、财务统计、国际交流、表彰奖励信息公开。除河北科协、安徽科协、青海科协 3 家单位外，其他省级科协均实现了组织建设信息公开。

如图 1-68 所示，对于主要业务工作信息（包括科学普及、学术交流、科技智库、财务统计、国际交流、组织建设、表彰奖励及党建工作 8 类信息）的公开，31 家省级科协中，做到 8 类全部公开的有 6 家，占比 19%；做到 6 ~ 7 类公开的有 20 家，占比 65%；做到 4 ~ 5 类公开的有 5 家，占比 16%。

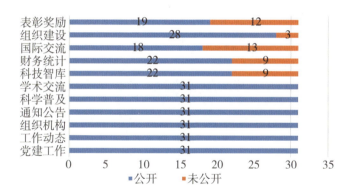

图 1 - 67　信息公开情况

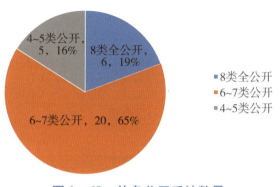

图 1 - 68　信息公开系统数量

2. 在线服务

如图 1 - 69 所示，31 家省级科协全部提供项目申报信息；未提供在线服务的单位有 9 家，约占 29%，这些单位未来需加强服务窗口的建设工作。

如图 1 - 70 所示，19 家省级科协有项目申报工作平台，12 家省级科协无项目申报平台，但提供项目申报信息。

3. 移动应用

如图 1 - 71 所示，31 家省级科协建设了官方微信公众号，11 家省级科协建设了官方移动 App 或移动自适版网站，7 家省级科协建设了官方微博账号。

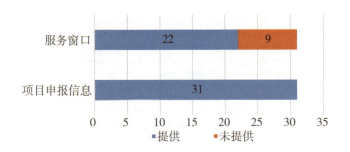

图 1 –69　在线服务情况

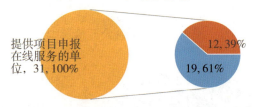

图 1 –70　项目申报工作平台

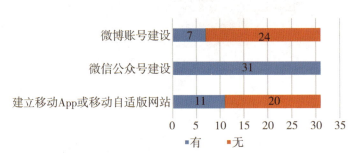

图 1 –71　移动应用情况

4. 互动交流

如图 1 –72 所示，31 家省级科协中，有 19 家单位设立了投诉信箱，占总数的61%；有 22 家省级科协设立了网上调查或意见征集，占总数的71%。

5. 用户体验

如图 1 –73 所示，从提供网站搜索功能来看，31 家省级科协中，

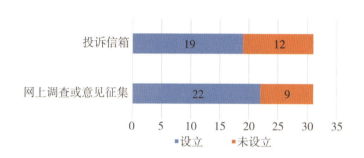

图 1–72　互动交流情况

除黑龙江科协、江西科协、西藏科协 3 家单位，其他单位网站均有搜索功能。

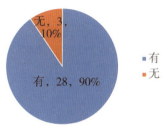

图 1–73　网站搜索功能

如图 1–74 所示，从网站首页更新情况看，首页每日更新的单位有 1 家，占比 3%；每 3 日更新的单位有 12 家，占比 39%；每 4 日更新的单位有 8 家，占比 26%。

图 1–74　网站首页更新情况

如图 1-75 所示，从网站链接有效性来看，网站链接有效性为优秀的省级科协占绝大多数，有 29 家，占比 94%；网站链接有效性为良好的有 2 家，占比 6%。

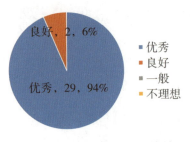

图 1-75 网站链接有效性

如图 1-76 所示，从英文版网站建设情况看，仅有北京科协、上海科协两家单位有英文版网站。

图 1-76 英文版网站

（四）安全分析

省级科协的安全指标建设水平普遍较高，信息安全等级保护定级不足是普遍性的问题，需引起重视。

如图 1-77 所示，有 4 家单位指数在 0.9~1.0，占全国省级科协总数的 13%；有 26 家单位指数总体分布在 0.8~0.9，占总数的 84%。指数分布较为集中，说明省级科协在安全建设上整体水平较高。

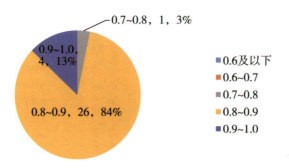

图 1 – 77　省级科协安全指标指数分布

如图 1 – 78 所示，安全指标的二级指标中，安全防护指标指数均值为 0.9935，明显高于安全管理指标指数均值（0.6516），两项指标指数的差距较大，省级科协安全防护建设水平高于安全管理建设水平。

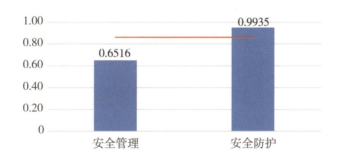

图 1 – 78　安全指标的二级指标指数均值

如图 1 – 79 所示，从安全指标的二级指标指数分布来看，有 4 家单位安全管理指标指数为 0.9 ~ 1.0，有 27 家单位安全管理指标指数集中在 0.6 以下，占全国省级科协总数的 87%，指数整体不高。

安全防护指标指数为 0.9 ~ 1.0 的单位有 30 家，占全国省级科协总数的 97%，总体建设情况较好。

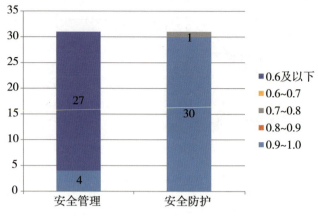

图 1 – 79　安全指标的二级指标指数分布

1. 安全管理

如图 1 – 80 所示，从安全管理情况看，省级科协网络与信息安全应急处置预案建设情况较好，31 家省级科协全部制订了网络与信息安全应急处置预案。但是，仅有山东科协、湖南科协、云南科协、新疆科协 4 家省级科协网站进行了信息系统安全第二等级保护测评。

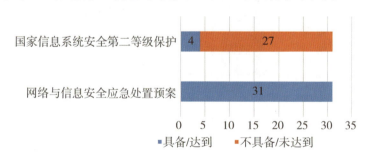

图 1 – 80　安全管理情况

2. 安全防护

如图 1 – 81 所示，省级科协安全防护建设情况较好，除西藏科协外，其他科协均进行网络与信息安全自查。31 家省级科协对重要的数据和应用系统进行容灾备份，没有单位发生年度重大网络与信息安全事件。

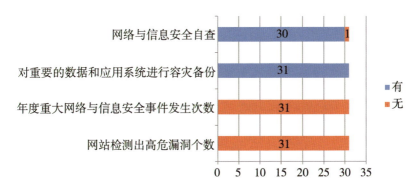

图 1-81　安全防护情况

（五）保障指标分析

省级科协的保障指标建设水平较高，但各个省级科协的建设水平差距较大。信息化队伍建设水平较高，但高层领导重视不足、执行主体不清晰的问题普遍存在。新信息技术落地应用情况普遍空白，成为短板。

如图 1-82 所示，有 7 家单位指数在 0.8～0.9，有 4 家单位指数在 0.7～0.8，有 6 家单位指数在 0.6～0.7，有 14 家单位指数低于 0.6，占单位总数的 45%，可见省级科协信息化保障水平参差不齐。

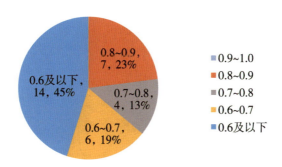

图 1-82　省级科协保障指标指数分布

如图 1-83 所示，在保障指标的二级指标中，队伍建设指标指数均值明显高于组织建设、新信息技术应用指数均值，说明省级科协队伍建设水平较高。组织建设、新信息技术应用指标指数均值较低，说明省级科协在这两项指标建设上需要加大投入。

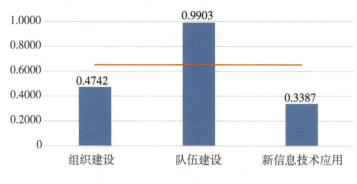

图 1 – 83　保障指标的二级指标指数均值

如图 1 – 84 所示，从保障指标的二级指标指数分布来看，省级科协各单位保障指标建设水平分布不均。30 家单位队伍建设指标指数高于 0.9，占全国省级科协总数的 97%。7 家单位组织建设指标指数高于 0.9，占总数的 23%；4 家单位组织建设指标指数在 0.6~0.7，占总数的 13%；20 家单位组织建设指标指数不高于 0.6，占总数的 65%。31 家省级科协新信息技术应用指标指数均低于 0.6，说明新信息技术应用水平低，需引起各单位的注意。

1. 组织建设

如图 1 – 85 所示，从组织建设情况来看，20 家单位有信息化相关规章制度、规划，占比 65%；13 家单位有信息化工作机构，占比 42%；12 家单位主要负责同志都已分管信息化工作，占比 39%。

2. 队伍建设

如图 1 – 86 所示，从队伍建设情况来看，31 家省级科协全部有信

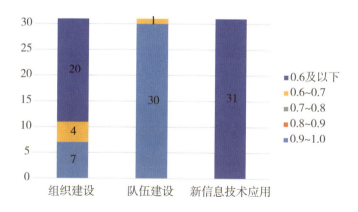

图 1 –84　保障指标的二级指标指数分布

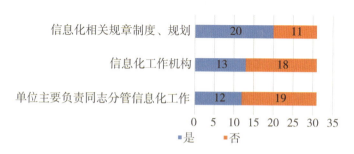

图 1 –85　组织建设情况

息员、网络信息化工作联络员，有 30 家单位参加过信息化相关培训。

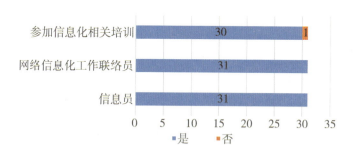

图 1 –86　队伍建设情况

3. 新信息技术应用

如图 1 – 87 所示，从新信息技术应用情况来看，31 家省级科协全部应用移动互联网技术；内蒙古科协、辽宁科协、吉林科协、湖北科协、重庆科协、四川科协6家单位应用了云计算技术。

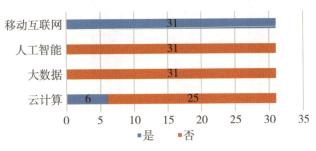

图 1 –87　新信息技术应用情况

（六）各地区信息化建设分析

如图 1 –88 所示，从各地区信息化建设情况看，华中地区、华北地区、东北地区信息化建设水平较高，信息化发展指数均高于平均值。其中，华中地区信息化发展总指数最高，达到了 0.8196，信息化发展水平处于全国领先地位。华南地区、西南地区、西北地区、华东地区信息化发展总指数均低于平均值，信息化发展水平有待提高。

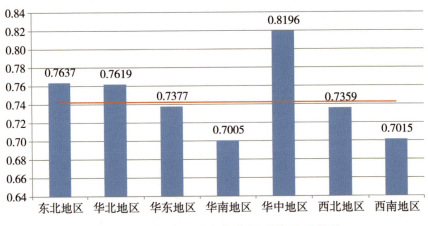

图 1 –88　各地区信息化发展总指数平均值

1. 东北地区信息化建设情况分析

东北地区信息化发展水平较高，如图 1-89 所示，安全指标指数均值为 0.8800、网站指标指数均值为 0.7693、应用指标指数均值为 0.7542、保障指标指数均值为 0.6200。与全国平均水平相比，网站、应用指标指数均高于全国平均水平，安全、保障指标指数略低于全国平均水平。

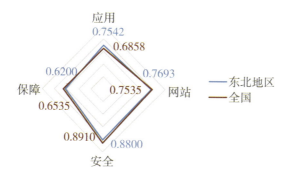

图 1-89　东北地区各指标建设情况

东北地区信息化建设指数最高的为吉林科协，指数在 0.8 以上。东北地区信息化建设总指数排名如表 1-9 所示。

表 1-9　东北地区信息化建设总指数排名

排名	省级科协	总指数
1	吉林科协	0.8510
2	辽宁科协	0.7627
3	黑龙江科协	0.6775

2. 华北地区信息化建设情况分析

华北地区信息化建设水平较高，如图 1-90 所示。网站指标指数均值为 0.7787、安全指标指数均值为 0.8800，应用指标指数均值为 0.7065、保障指标指数均值为 0.7000。除安全指标指数外，各指数均高于全国平均水平。

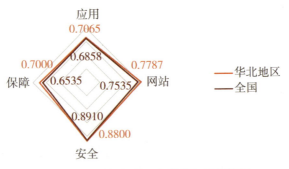

图 1-90　华北地区各指标建设情况

华北地区信息化建设指数最高的为北京科协和内蒙古科协，指数均在 0.8 以上；其次是山西科协，指数在 0.7～0.8。华北地区信息化建设总指数排名如表 1-10 所示。

表 1-10　华北地区信息化建设总指数排名

排名	省级科协	总指数
1	北京科协	0.9040
2	内蒙古科协	0.8445
3	山西科协	0.7389
4	河北科协	0.6992
5	天津科协	0.6229

3. 华东地区信息化建设情况分析

如图 1-91 所示，华东地区信息化建设整体水平相对较高，安全指标指数均值最高，为 0.8971；网站指标指数均值为 0.7622、应用指标指数均值为 0.6539、保障指标指数均值为 0.6714。与全国平均水平相比，保障、安全、网站指标指数略高于全国平均水平，应用指标指数略低于全国平均水平。

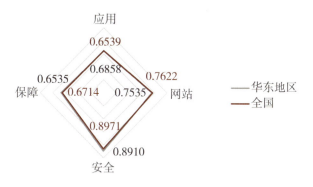

图 1－91　华东地区各指标建设情况

华东地区信息化建设水平最高的为江苏科协，指数为 0.8913，其次是浙江科协、山东科协、上海科协、福建科协，指数在 0.7～0.8。华东地区信息化建设总指数排名如表 1－11 所示。

表 1－11　华东地区信息化建设总指数排名

排名	省级	总指数
1	江苏科协	0.8913
2	浙江科协	0.7911
3	山东科协	0.7852
4	上海科协	0.7808
5	福建科协	0.7110
6	安徽科协	0.6326
7	江西科协	0.5719

4. 华中地区信息化建设情况分析

华中地区信息化建设水平较高，各项指标指数平均水平均高于
0.7。如图 1-92 所示，网站指标指数平均值为 0.7989，应用指标指数
平均值 0.8142，安全指标指数平均值为 0.9200，保障指标指数均值
为 0.7400。与全国平均水平相比，各项指标指数均值均高于全国平均
水平。

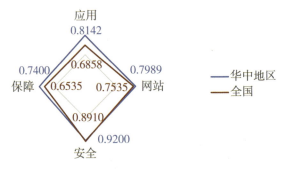

图 1-92　华中地区各指标建设情况

华中地区的湖北科协、河南科协总指数达到了 0.8 以上。华中地区
信息化建设总指数排名如表 1-12 所示。

表 1-12　华中地区信息化建设总指数排名

排名	省级科协	总指数
1	湖北科协	0.9259
2	河南科协	0.8784
3	湖南科协	0.6546

5. 华南地区信息化建设情况分析

华南地区信息化建设水平较低，与全国平均水平相比，各项指标均

低于全国平均水平。如图 1 – 93 所示，应用指标指数均值最低，为 0.6217，与全国平均水平差距最大。

图 1 – 93　华南地区各指标建设情况

华南地区信息化建设水平最高的为广西科协，指数为 0.7796。华南地区信息化建设总指数排名如表 1 – 13 所示。

表 1 – 13　华南地区信息化建设总指数排名

排名	省级科协	总指数
1	广西科协	0.7796
2	广东科协	0.6936
3	海南科协	0.6282

6. 西南地区信息化建设情况分析

西南地区信息化建设水平相对较低，各项指数均低于全国平均水平，如图 1 – 94 所示。其中保障指标指数均值为 0.5560，与全国平均水平差距最大。

西南地区信息化建设水平最高的为重庆科协，指数在 0.8505，其次是四川科协和云南科协，指数在 0.7 ~ 0.8。西南地区信息化建设总指数排名

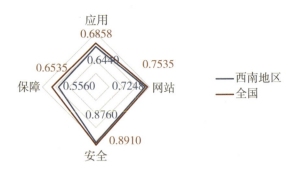

图 1 – 94   西南地区各指标建设情况

如表 1 – 14 所示。

表 1 – 14   西南地区信息化建设总指数排名

排名	省级科协	总指数
1	重庆科协	0.8505
2	四川科协	0.7853
3	云南科协	0.7801
4	贵州科协	0.6100
5	西藏科协	0.4814

7. 西北地区信息化建设情况分析

西北地区信息化建设水平相对较高，如图 1 – 95 所示，应用指标指数均值为 0.6720，保障指标指数均值为 0.6600，均在 0.6 ~ 0.7；安全指标指数均值较高，为 0.9040。与全国平均水平相比，保障、应用、安全指标指数略高于全国平均水平，网站应用指标指数略低于全国平均水平。西北地区信息化建设指数最高的为新疆科协，指数为 0.8203；其次为甘肃科协、陕西科协、宁夏科协，指数在 0.7 ~ 0.8。西北地区

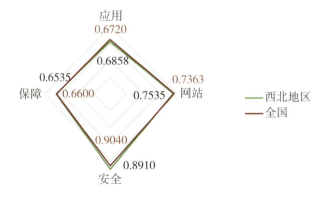

图 1-95 西北地区各指标建设情况

信息化建设总指数排名如表 1-15 所示。

表 1-15 西北地区信息化建设总指数排名

排名	省级科协	总指数
1	新疆科协	0.8203
2	甘肃科协	0.7871
3	陕西科协	0.7335
4	宁夏科协	0.7267
5	青海科协	0.6119

八、主要问题

全国学会、省级科协信息化建设表现为业务驱动，业务系统建设、数据资源建设围绕着业务需求展开，尚未建立中国科协整体统筹的中台架构，不利于开展科协系统整体的 IT 治理与数据治理。信息安全等级保护级别和安全预防能力缺乏中台支撑，建设水平参差不齐。组织建设存在不足，高层领导虽然重视，但是缺乏执行体系的配合，使信息化工作没有形成明确的执行体系。新信息技术落地不足，虽然少数学会已开始自行探索，但是自行探索的成本太高，探索、建设的水平参差不齐。

（一）业务系统建设缺乏统筹规划

科协系统业务系统建设缺乏统筹规划，业务系统建设水平参差不齐。全国学会仅有 42 家单位建有 OA 系统，绝大部分学会未完成 OA 系统建设。全国学会、省级科协各自建设会员系统、会议系统、期刊系统等，不利于实时收集、整理、加工、储存和使用业务信息，系统间相互孤立、使用率低、信息和数据共享困难，系统赋能业务的能力不足，各系统间的横向打通与协同能力不足，对后续的系统融合、数据共享造成困难。

（二）数据资源建设不均衡

全国学会、省级科协的数据资源建设表现为自下而上的业务驱动的特点，业务需求较强的学术数据资源、科普数据资源库建设较好，但智库数据、人才数据、办公数据资源建设不足。这导致对数据的重复收集、获取、加工和分析，数据资产的建设成本居高不下。各单位自建数据资源库，既缺乏基于统一的数据中台统筹，又缺乏基于科协系统层面统筹规划的数据治理，跨数据库的数据共享和数据应用的难度较大，不利于挖掘数据资源的资产化价值。科协系统内部跨单位的数据资源共享、挖掘和应用难以实现，甚至个别单位尚未实现单位内部数据资源共享，总体上制约了科协业务能力、服务能力的提升。

（三）线上服务能力有待加强

全国学会、省级科协普遍缺少网上调查、投诉信箱、意见征集等线上服务，只有少部分省级科协提供了服务窗口（平台），接受用户咨询留言、意见建议、投诉举报，拓宽了科协与社会公众的交流渠道，提高了在线服务效率。全国学会、省级科协网站建设质量不断提升，但是新媒体建设需要加强，特别要重视官方微信公众号、微博账号、移动 App 建设，发挥网上引领作用，提升服务效能。

（四）网络安全防御水平亟须提高

全国学会、省级科协虽然很重视网络信息安全工作，但是由于受到技术力量制约，网络安全管理存在薄弱环节。大多数全国学会在安全管理方面存在不足，仅有 11 家全国学会网站达到国家信息系统安全第二等级保护，仅占总数的 6%。31 家省级科协中，只有 4 家单位达到国家信息系统安全第二等级保护，仅占总数的 13%。只有少数全国学会、省级科协制订了网络与信息安全应急处置预案，年度重大网络与信息安全事件与高危漏洞隐患仍然存在。

（五）信息化管理有待加强

全国学会、省级科协在信息化建设中，缺乏明晰的信息化管理部门，责任不落实，分工不明确。信息化规章制度不健全，全国学会中很多没有相关的信息化管理制度。有信息化工作相关规章制度、规划的单位占比不足 12%，没有形成正式、明确的职责主体。在信息化建设中，新一代信息技术应用落后，大数据、云计算、人工智能等信息技术只有少数全国学会、省级科协在探索应用。许多业务系统建设不足、网站建设技术水平低，使用的软件老化、运维困难，造成业务工作数字化、智能化困难，服务能力不足。

九、发展建议

（一）推动业务工作信息化

全国学会、省级科协正在建设或已经使用的办公系统，基本覆盖了办公流程，提高业务工作效率的同时加强了事务管理、效果评估等手段。办公系统建设对工作流、信息流起到了规范和管理作用，为各单位提供了一个先进、高效的信息化工作平台，同时也降低了管理成本和工作内耗，提升了工作效率；但是距离业务服务在线化、协同化、智能化仍有较大差距。

全国学会、省级科协要充分发挥中国科协协同工作平台（"科协一家"）的作用，通过入驻、集成等方式，实现科协系统互联互通，全面提升协同办公水平。对于已经建成的会议服务系统、会员管理系统、期刊管理系统，要本着自愿的原则，逐步开放共享，减少重复建设，提高使用效率。实现业务服务的在线化、协同化、智能化，补足全国学会自动化办公系统的短板。

（二）实现数据资源开放共享

全国学会、省级科协要加快建立数据资源库，着力推进学术、科普、智库、人才、政务等业务数据资源库建设。发挥科协云平台、数据中心的基础设施共享，架构能力裂变和赋能效应，快速提高全国学会、省级科协的数据资源库建设能力，补足关键数据资源建设的短板。借助中国科协已经建立的人才库、科技成果库、前沿库、问题库等庞大的数据资源库，融入中国科协已有的数据资源服务大厅，促进全国学会、省级科协共建共享数据服务，建立科协体系内各单位的数据需求方和供给方的对接通道，健全各单位数据资源库，与中国科协系统各单位共建共享数据资源服务。

加强数据资源建设的统筹规划，提高数据治理水平，统一数据规范、打破数据壁垒，为数据资源的共享、挖掘和应用创造基础条件，降低数据采集、存储、管理和分析应用的成本，赋能科协业务发展和管理，加速推动数据资源向数据资产转变。

（三）提升新媒体服务能力

发挥中国科协融合信息平台的服务作用和媒体资源共享作用，快速提升全国学会、省级科协新媒体服务能力。共享科协系统各单位稿件以及最新主流媒体稿件，共建一批紧贴实际、紧贴业务的特色栏目。同时，不断完善制度机制，尤其是健全完善内容的采集、报送、编辑、编译、共享等环节的制度体系及安全保障机制，保障内容合法、完整、准确、及时。加强移动应用及互动交流，提高新媒体应用水平。加强建网、管网、用网工作，在人员、经费、设备等方面为网站提供有力保障，积极发挥网站在发布信息、提供网上服务、加强互动交流等方面的作用，不断提高网上服务水平，增强网上政治引领力。

（四）提高网络信息安全防御能力

全国学会、省级科协可以借助中国科协的云平台、挂靠单位安全体系、第三方公有云等途径，快速提升网络与信息系统安全管理水平。中国科协云平台已通过国家信息系统安全等级保护三级认证，全国学会、省级科协可以借助中国科协成熟的、专业化的网络安全防护能力，将网站、重要业务系统托管在中国科协网络机房，快速提升信息系统安全防护水平。

对自建信息化基础设施且不愿意托管在中国科协网络机房的单位，要督促其提高对网络安全的重视程度，开展信息系统安全等级保护测评工作，加强信息系统安全防护，定期排查安全隐患、高危漏洞，建立信息安全管理机制，实现流程闭环、权责主体清晰，并以此为依据将信息安全保障工作下沉并落实到各相应主体，从而提高对风险的应急处置能力。同时，建立针对安全隐患、高危漏洞、重大风险的定期应急演练机制，形成从人员配备、机制设计、应急管理办法，到实战演练、问题反馈、持续改进的闭环。

（五）加强信息化统筹管理

一要创新工作机制。全国学会、省级科协的信息化建设要统一领导、统筹规划。各单位要明确信息化建设的负责人，建立相应的管理部门，明确责任与目标，责任到人。加强信息化建设项目的统筹管理，注重投入产出，避免分散、重复建设。要组建专业化的信息化运营机构，统筹负责项目建设、系统运营、数据资源管理工作，实现项目统筹、业务衔接、资源共享。要将信息化建设纳入全国学会、省级科协的考核评估范围，建立信息化建设年度考核和督查机制，分级分类进行考核评估，使之制度化、常态化。

二要加强信息化队伍建设。不断健全全国学会、省级科协网络信息化工作联络员队伍、中国科协网信息员队伍。加强信息化培训，通过网络学习空间、慕课等平台，普及大数据、人工智能、区块链等信息技术知识，进行业务研讨，提升科协系统信息化队伍的专业化水平和服务质量，为信息化建设提供保障。

（六）打造可裂变的信息化能力

发挥中国科协顶层规划及统筹作用，立足中国科协组织功能、职责定位，以全国学会、省级科协的业务为中心，基于中国科协云平台、数据中心的集中共享，结合科协系统的架构特点、科协系统业务的根本属性，深度挖掘全国学会、省级科协信息化建设亟须解决的痛点，逐渐探索、构建、磨合、修正并打造出可扩展、可裂变的科协系统信息化能力服务平台，以实现信息化能力的可裂变、可共享。

针对协同办公、会议管理、数据资源库等共性业务与管理的信息化，由中国科协统筹、全国学会和省级科协深度参与，进行相应的应用服务的论证、开发、磨合与落地，推动应用共享，进一步降低"一体两翼"的信息化建设难度。

开放共享科协云平台的 IaaS（基础架构即服务）、PaaS（平台即服务）、DaaS（数据即服务）和 SaaS（软件即服务）。通过中国科协信息化能力组件的裂变和应用服务的共享，统筹加强信息化治理、数据治理，降低全国学会、省级科协的信息化建设成本、建设难度和准入门槛，提高信息化建设的敏捷度，缩短建设周期。

第二章　中国科协系统网站建设评估指标体系

一、建设意义

（一）国家对深入推进网站建设的要求

1. 发挥网站主渠道作用，着力推进信息公开

2019 年 5 月 15 日，新修订的《中华人民共和国政府信息公开条例》〔国令第 711 号〕正式实施。文件明确了进一步扩大政府信息主动公开的范围和深度，以及政府信息公开与否的界限，完善了依申请公开的程序规定，规定依托政府门户网站，逐步建立具备信息检索、查阅、下载等功能的统一信息公开平台。此次条例的修订，坚决贯彻落实党中央、国务院全面推进政务公开的精神，加大信息公开力度，既在公开数量上有所提升，也在公开质量上有所优化；积极回应人民群众对于政府信息公开的需求，体现近年来政府信息公开工作的新进展、新成果，解决实践中遇到的突出问题。此次条例修订主要包括三个方面内容：一是坚持公开为常态，不公开为例外，明确政府信息公开的范围，不断扩大主动公开；二是完善依申请公开程序，切实保障申请人及相关各方的合法权益，同时对少数申请人不当行使申请权，影响政府信息公开工作正常开展的行为作出必要规范；三是强化便民服务要求，通过加强信息化手段的运用提高政府信息公开实效，切实发挥政府信息对人民群众生产、生活和经济社会活动的服务作用。

《政府网站发展指引》〔国办发（2017）47号〕提出"政府网站是指各级人民政府及其部门、派出机构和承担行政职能的事业单位在互联网上开办的，具备信息发布、解读回应、办事服务、互动交流等功能的网站"；"到2020年，将政府网站打造成更加全面的政务公开平台、更加权威的政策发布解读和舆论引导平台、更加及时的回应关切和便民服务平台"。政府网站已经成为政府推进信息公开的主要渠道，也是网民获取政府信息的重要窗口，在推进信息公开、政府建设和管理创新方面，一直发挥着重要作用。

2. 整合服务总入口资源，提高在线服务水平

《国务院关于在线政务服务的若干规定》〔国令第716号〕自2019年4月30日起施行，在线政务服务建设发展纳入法治化轨道。作为国家层面出台的首部规范在线政务服务的行政法规，该规定为全国在线政务服务规范化、标准化、集约化建设指明了方向。为依法促进和保障一体化在线平台建设，为企业和群众提供高效、便捷的政务服务，优化营商环境，该规定明确了以下几个方面内容：一是明确一体化在线平台建设的目标要求和总体架构；二是明确一体化在线平台建设管理的推进机制；三是明确政务服务原则上应在线办理；四是明确政务服务事项办理的基本要求；五是明确电子签名、电子印章、电子证照、电子档案的法律效力。

按照《国务院关于加快推进"互联网＋政务服务"工作的指导意见》〔国发（2016）55号〕要求，借鉴推广"不见面审批"等典型经验和做法，不断创新服务方式，优化营商环境，为市场主体添活力，为人民群众增便利。及时公开"互联网＋政务服务"有关政策的落实情况及阶段性成果。公开网上办事大厅服务事项清单，推动更多事项在网上办理，实现办事材料目录化、标准化，让群众办事更明白、更便捷。

加快各地区各部门政府网站和中国政府网等信息系统互联互通，推动政务服务"一网通办""全国漫游"。建立完善网民留言、咨询的受理、转办和反馈机制，及时处理答复，为群众提供更好服务。

3. 拓展网站应用和互动渠道，用好新媒体平台

《国务院办公厅关于推进政务新媒体健康有序发展的意见》〔国办发（2018）123 号〕要求：各地区、各部门要以内容建设为根本，不断强化发布、传播、互动、引导、办事等功能，为企业和群众提供更加便捷实用的移动服务。通过政务新媒体推进政务公开，强化解读回应，积极传播党和政府声音；加强政民互动，创新社会治理，走好网上群众路线；突出民生事项，优化掌上服务，推动更多事项"掌上办"。文件明确指出，认真做好公众留言审看发布、处理反馈工作，回复留言要依法依规、态度诚恳、严谨周到，杜绝答非所问、空洞说教、生硬冷漠。加强与业务部门沟通协作，对于群众诉求要限时办结、及时反馈，确保合理诉求得到有效解决。

国务院印发的《国务院关于加快推进全国一体化在线政务服务平台建设的指导意见》〔国发（2018）27 号〕提出：充分发挥"两微一端"等政务新媒体优势，同时积极利用第三方平台不断拓展政务服务渠道，提升政务服务便利化水平。推动政务信息数据资源向"两微一端"延伸拓展，在《国务院办公厅关于印发〈政府网站集约化试点工作方案〉的通知》〔国办函（2018）71 号〕中指出：推动政务信息数据资源向"两微一端"等延伸拓展，通过政务新媒体更好传播党和政府声音，提供多渠道、便利化的"掌上服务"。

4. 强化网站建设管理，推进集约化建设工作

2018 年 11 月，《国务院办公厅关于印发〈政府网站集约化试点工

作方案〉的通知》〔国办函（2018）71 号〕，确定北京、吉林、安徽、山东、湖北、湖南、广东、广西、重庆、贵州 10 个省（自治区、直辖市）和西藏自治区拉萨市作为政府网站集约化试点地区。并于 2019 年 12 月底前，按照统一标准体系、统一技术平台、统一安全防护、统一运维监管的要求，完成政府网站集约化工作，实现本地区各级各类政府网站资源优化融合、平台整合安全、数据互认共享、管理统筹规范、服务便捷高效。在 2019 年及以后的一段时间内，政务公开和政务服务将沿着以资源汇聚共享共用提升整体发展水平的道路不断前进。

《政府网站集约化试点工作方案》确立了"12345"的工作框架，即一个目标，以建设整体联动、高效惠民的网上政府为目标；两种模式，省级统建模式，或省级、地市级分建模式；三个维度，集约化工作要向数据融通、服务融通、应用融通三个方向延伸；四个原则：问题导向、开放融合、集约节约、平稳有序；五个任务：建设集约化平台、形成标准规范、构建信息资源库、提供一体化服务、强化安全保障。

5. 加强网站绩效考核，以评促建，促进协同办站

《国务院办公厅关于印发 2019 年政务公开工作要点的通知》〔国办发（2019）14 号〕要求"县级以上地方政府要严格落实把政务公开纳入政府绩效考核体系且分值权重不低于 4% 的要求。根据政务公开新任务新要求新职责，加强政务公开机构建设、专职人员配备和经费保障"。

《政府网站发展指引》和《政府网站与政务新媒体检查指标、监管工作年度考核指标》中多次提到开展网站评估检测要求。如在安全防护方面，"按照要求定期对政府网站开展安全检测评估"。在机制保障方面，"制定政府网站考评办法，把考评结果纳入政府年度绩效考核，列入重点督查事项。完善奖惩问责机制，对考评优秀的网站，要推广先

进经验，并给予相关单位和人员表扬和奖励。对存在问题较多的网站，要通报相关主管、主办单位和有关负责人。对因网站出现问题造成严重后果的，要对分管领导和有关责任人进行严肃问责。可采用第三方评估、专业机构评定、社情民意调查等多种方式，客观、公正、多角度地评价工作效果"。

（二）科协系统网站评估的意义

1. 推动网站发展是实现"智慧科协"整体战略的重要组成

"智慧科协"建设是落实习近平总书记关于加强网上群团建设重要指示精神的战略举措；是党的十九大以来，中国科协党组、书记处领导审时度势，以习近平新时代中国特色社会主义思想为指导，以网络强国战略思想为基础，凝心聚力打造的中国科协一号工程；是中国科协适应新时代发展要求的当务之急和必然之举；是事关科协事业发展的关键；是开启新时代科协事业发展新征程的必然选择。

《科协系统深化改革实施方案》指出：建设网上科技工作者之家，打造科技工作者的精神纽带和情感家园。准确把握科技工作者熟悉并习惯使用互联网的特点，加强信息化建设工作，探索"互联网＋政策服务"的工作模式，开展网上"建家交友"活动，科协各级领导实名上网，直接听取科技工作者意见建议和呼声，提供政策服务，引导科技工作者依法维护合法权益，努力成为可亲可信、知心知意的"科技工作者之友"。《中共中央关于加强和改进党的群团工作的意见》指出：打造网上网下相互促进、有机融合的群团工作新格局。群团组织要提高网上群众工作水平，实施上网工程，建设各具特色的群团网站，推进互联互通及与主流媒体、门户网站的合作。加强网宣队伍建设，综合运用维权热线和网络论坛、手机报、微博、微信等新媒体平台进行网上引导和动员。站在网上舆论斗争最前沿，主动发声、及时发声，弘扬网上主旋律。逐步建立统一的群团组织基础信息统计制度。

因此，在当前形势下，推动科协系统网站建设是建设网上科技工作者之家、提高网上科技服务水平的重要载体和平台，在服务科技工作者、服务创新驱动发展战略、服务公民科学素质提高、服务党委科学决策中发挥着重要作用，更是"智慧科协"建设的重要组成部分。

2. 加强网站建设是提升科协信息化服务水平的关键环节

以习近平同志为核心的党中央高度重视网络安全和信息化工作，明确提出了"没有信息化就没有现代化"的科学论断。党中央、国务院高度重视信息化发展，相继提出了网络强国战略、国家大数据战略、"互联网＋"行动、数字中国、智慧城市、智慧社会等一系列重大举措。党的十九大报告指出"坚持创新的发展理念""推进新型工业化、信息化、城镇化、农业现代化同步发展"，明确把建设网络强国、数字中国、智慧社会作为加快建设创新型国家的重要内容，提出要"全面增强执政本领"，"善于运用互联网技术和信息化手段开展工作"。

随着新一代信息技术的不断发展，云计算、物联网、大数据等技术的应用与发展逐渐为人们生产生活注入新的活力。科技类单位拥有大量相关领域科技资源，具有巨大的应用潜力。国外典型网站非常注重大数据整合应用，90%以上的网站通过数据整合开放，建立科技人才库、科研成果库等，为公众提供出版物、科研报告、科技成果、科技人才等资源的查询下载服务。例如，英国皇家学会整合自学会成立之初到现在，所有的科学家和科研成果信息，为公众提供科技人才、科技成果检索查询服务。

以中国科协网站为龙头，全国学会、省级科协网站为支撑，地市区县基层科协网站为基础，遍布全国的科协系统网站体系已经初步形成，在信息发布、学术交流、科学普及、服务科技工作者、互动交流等方面发挥了积极作用。但是，随着云计算、移动互联、大数据及数据开放、社交应用等互联网新技术及新理念的快速成熟和应用范围的不断拓宽，科协系统网站也面临着服务理念、服务模式升级调整的社会需求。这就要求科协系统网站要与移动终端、社交平台、电商平台充分对接，逐步开放业务数据，加强对用户行为的跟踪分析，提升科协系统网站服务的有效性和针对性，更好地满足用户需求。

3. 开展评估工作是促进科协网站持续发展的基础保障

当前全国学会、省级科协网站建设尚存在质量不高、互动交流差、受众效果不佳等问题。通过评估工作，有助于了解现在全国学会、省级科协网站的建设与发展现状，包括建设管理机制、网站运行维护情况、内容建设保障情况等，全面掌握科协系统网站建设水平，为指导全国学会、省级科协网站的建设发展奠定基础。在评估工作实施过程中，充分研究评估的工作背景、政策要求和发展趋势，全面掌握科协系统网站建设、发展的现状和问题，对科协系统网站建设管理和服务水平的进一步提升提出针对性的建议。

评估工作突出当前中国科协信息化发展方向和要求，引导网站正确建设，提升科协系统信息化集成整合、协作共享水平。在评估指标中侧重突出中国科协核心业务信息化建设和服务应用效果，通过评估总结出评估对象的发展规律，包括网站、微博、微信建设管理的特征模式、应用服务的规律趋势，以及存在的共性问题与改进思路。因此，此次中国科协网站评估的主要目标就是总结中国科协系统网站建设发展规律，提炼先进经验和做法，分析存在的问题，提出网站系统建设的改进思路和发展建议。

（三）国内外政府网站发展趋势

1. 国内政府网站主要做法

①公开标准化。国内政府网站在政务公开方面实行政务公开标准化建设，制定各类政务信息的标准化要素，统一规范政务公开的组织机构、内容、形式、时间、程序、监督和保障等，推动网站政务公开水平明显提升，政府职能切实转变，权力运行更加规范。

《广东省重点领域信息公开专栏建设规范》对广东省人民政府网站的很多内容都进行了细化，规定了公开要素标准，并要求全省按照统一标准执行，保障了重点领域信息公开规范性（如图 2 - 1 所示）。

图 2 - 1　广东省人民政府网站

②服务便捷化。国内政府网站均建设了网上政务大厅，实现网上办事"部门全覆盖、事项全覆盖、流程全覆盖"，为企业、群众提供"一站式"、跨地域、7×24小时、公开透明的公共服务，实现政务服务中心"实体大厅"与网上"虚拟大厅"审批服务一体化整合。通过"互联网＋政务服务"有效整合相关部门资源，通过数据融合共享，实现政务服务数据有效对接共享，让数据多跑路、群众少跑腿，政务服务向信息化、便捷化迈进。有些城市还在电子商务平台上，共享数据资源，推进政务服务微型化、App化、淘宝化。

浙江省政务服务网自2014年6月25日正式上线（如图2-2所示），成为全国第一个构建在云平台上、实现省市县一体化建设与管理的"互联网＋政务服务"平台。省市县三级4000余个行政机关和服务机构在"一张网"同台登场，开展服务，此外还提供在线公共支付功能，支持按照缴费单号、缴款书号、身份信息等多种方式在线缴费。同时，水电气费缴纳也与支付宝等社会平台对接，有效解决了排队缴费难的问题，被媒体喻为"政务淘宝"。经过近两年的持续运营和不断发展，截至2016年10月，浙江省政务服务网已累计实名注册用户240万人，日均浏览量在200万人次以上，受理"一站式"办件1200余万件。

青岛市车辆管理所推出了国内第一个淘宝网店（如图2-3所示），市民可以坐在电脑前拍下"商品"，将资料通过网络上传，这样既方便又节约时间，支付宝支付也十分安全。成为政府部门拥抱网络时代，借助新型服务手段为居民服务的缩影。被广大网民称为"永不关闭的服务窗口"和"淘宝网上最特殊的店小二"。

图 2 - 2　浙江政务服务网站

图 2 - 3　青岛市车管淘帮办网站

③应用智慧化。国内政府网站在信息和服务资源丰富、标准、规范、实用的基础上，利用大数据分析网站访问用户行为和需求，看用户点击了什么内容，关注了什么内容，由"被动服务"向"主动服务"转变，向用户推送个性化的政府信息和服务。

广州市民网页"E站通"（如图2－4所示）围绕市民工作和生活，以市民需求为中心，开通信息订阅服务。向用户主动推送个人住房公积金、参保信息、交通违法记录、医保卡消费及余额、水费、电费、燃气费、电话费等信息；一站通行网上办事、人才家园、社会保障、信访服务、图书文化、志愿服务、燃气服务、健康档案、公安网办大厅、预约挂号、一刻钟服务圈等服务。为市民开设个性化的网络空间，实现对市民邮箱信息、照片集、通讯录等生活信息的一站式管理。

图2－4　广州市民网页

④回应集约化。国内政府网站整合12345市民服务热线等多渠道资源，形成了渠道统一、办理规范的集约化互动交流平台，加强了政策解读、民意汇总、投诉咨询处理和舆情回应等方面的建设。

苏州市、宿迁市等政府网站积极利用网站平台整合12345市民服务热线，加强了政策解读、舆情民意采集、咨询投诉处理等方面的建设（如图2-5、图2-6所示）。

图2-5　苏州市政府网站

⑤管理规范化。国内政府网站在政府网站开办关停程序、建设技术标准、信息内容规范、组织协调机制、责任保障机制和奖惩考核机制等方面制定了相应的标准规范，这既是相关文件的明确要求，也是各级政府网站建设的现实需要，更是国内领先政府网站的普遍规律和先进经验。

图 2 - 6 宿迁市政府网站

北京市、深圳市制定政府网站建设标准规范，明确了网站内容、网站设计、网站安全、网站技术标准、网站管理制度等方面的建设管理要求，充分发挥了标准先行的统领作用（如图 2 - 7 所示）。

图 2 - 7 北京市、深圳市政府网站建设与管理规范

⑥渠道多元化。国内政府网站对政府网站的优质资源进行清理，选取一批关注度高、需求量大、覆盖面广的重点办事服务资源，在公共搜索平台进行整合，利用"优先推送"的规则，最终实现政府网站信息和服务资源在检索结果中优先展现、准确定位，让更多的用户逐渐接触、了解、使用政府网站，从而不断提高网站认知度。有的政府网站遵循互联网信息传播新规律，建立了政府网站和微博、微信等社会化新媒体联动机制，拓展网站信息传播渠道，提升网站互联网影响力。

例如，在百度搜索框中输入"佛山市身份证"，搜索结果中不仅第一条信息来自佛山市政府门户网站的"身份证办理指南"服务，而且在服务内容中细分办事需求，按照首次办理、身份证换发、身份证补领、临时身份证等整合服务资源，实效较好（如图 2-8 所示）。

图 2-8　"佛山市身份证"百度搜索网页

　　银川市政府门户网站开通"微博银川""问政银川"等官方微博（如图 2 - 9 所示），主要用于发布权威信息、宣传城市形象。银川市委、市政府办公厅开设的"问政银川"微博，是银川党务政务网络平台的工作专用微博，主要功能是督促督办，受理银川市民的一般性事务性投诉。微博客服在工作时间 1 小时内、节假日休息时间 8 小时内，有呼必应。

图 2 - 9　"问政银川"微博网页

2. 国外政府网站建设经验

　　①统一政务信息——日本电子政务综合窗口（e - Gov）网站（如图 2 -10 所示）：政务信息格式统一，实现资源集中管理。日本中央行政机构自 2003 年起均通过 e - Gov 栏目来发布本单位的意见征集信息。通过打破层级及部门的限制，将同一类型资源（如"意见征集"类）进行集中管理，主要体现在统一资源标准、细化信息要点、集中展示呈现。具体有以下做法：

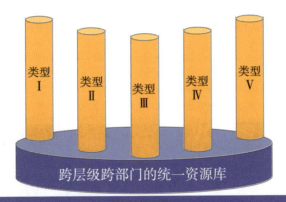

图 2 - 10　日本电子政务综合窗口

● 在栏目类型设置中，将意见征集分为四类：征集中、已结束、结果公示以及全部类型。

● 在栏目选择设置中，又分为页面显示条数、所涉及领域、所涉及行政单位等。其中，后两者又分为两部分，一是最新有信息更新的领域，二是全部领域的选择——可隐藏可展开。

● 在具体信息方面，详尽发布意见征集相关的名称、编号、法律依据、提出单位、意见征集提交样式以及意见征集概要等相关资料。

● 在功能选择方面，提供在线提交功能。

● 在人性化设置方面，提供截止日期的警示提醒。

● 在结果公示方面，及时发布结果概要，也就是意见征集收到的建议、相应的回复，或者未收到建议的告知信息。

②便捷办理，提供实用的在线办事功能——英国政府网站（如图2－11、图2－12所示）：在统一标准规范，整合业务体系后，电子政务将服务聚焦于应用上，公共服务围绕用户的需求进行设计，通过改善电子政务服务，切合不同用户的需要，发展多渠道策略，提供个性、灵活

的方式与公共行政部门互动。网站按照字母顺序从 A～Z 整合提供信息，以残疾人领域为例，共提供 18 项具体信息服务资源，可满足残疾人群体对公共服务的所有需求。

图 2－11　英国政府网站

图 2－12　英国政府网站之残疾人服务窗口

③统一服务信息——奥地利政府网站（如图 2 - 13 所示）：服务信息要素统一，规范办事信息。奥地利政府网站的服务信息包括信息介绍、办理条件、办理机构、办理程序、办理材料、所需费用、相关信息、法律依据、办理表格等，服务要素按照统一要求予以展现。

图 2 - 13　奥地利政府网站

④便捷办理，统一入口——新加坡政府网站（如图 2 - 14、图 2 - 15 所示）：在门户网站建设上，新加坡政府围绕"以用户为中心"的服务理念，简化导航结构，创建世界上第一个将服务与用户生活事件捆绑在一起的 eCitizen（电子政务）门户网站，从政府决定提供服务种类转向更为人性化的综合性公民体验和"一站式"服务方式。

在电子政务在线服务上，新加坡政府建立了 SingPass 与 MyInfo 的协同服务体系。推出 SingPass 个人访问系统（如图 2 - 16 所示），用户通过统一的账号登录 60 多个政府机构的电子政务服务应用平台办理相关业务。此外，还建设了 MyInfo 平台，使公民能够管理其个人数据的使用。SingPass 用户自动注册为用户，MyInfo 平台可从 SingPass 账号中直接提取各部门业务办理过程中产生的个人数据，同时授权至各部门的

图 2 – 14　新加坡政府网站

图 2 – 15　新加坡电子政务在线服务平台

电子政务业务系统使用，减少了网上交易过程中个人信息重复填写、验证文件重复提供等情况。在制度支撑上，成立政府科技部（GovTech），它是支撑新加坡"智慧国家"建设的关键平台，作为信息通信技术（ICT）和物联网等相关技术的领先中心，政府科技部极大地增强了新加坡政府在电子政务领域的服务能力。以 SingPass 为例，SingPass 账号可一号办理的功能如表 2 – 1 所示。

图 2 – 16 SingPass 个人访问系统页面

表 2 – 1 SingPass 账号可一号办理的功能

部门	办理功能
人力部	工作准证申请、查看公司外劳配额、修改公司或个人资料
移民厅	签证担保申请、长期探访准证申请、学生证担保等
注册局	公司注册、购买公司档案、公司资料修改等
税务局	报税
公积金局	公积金查看、缴纳公积金、打印相关文件
执照申请	执照申请、执照查询等
婚姻注册局	结婚登记、预约
房屋建设局	房屋购买申请、抽签

⑤渠道拓展，个性化服务——韩国政务网站（如图 2 – 17 所示）：移动端应用可用指纹登录账号，且移动端登录后可获取更多信息，力争为群众提供多样便捷的信息获取方式。利用政务 App 为查看了服务指南信息的民众推送有关周边的信息内容。政务 App 与政务网站相互配

合，提升了用户体验。网站使用了个性化信息的推送通知功能，按照季节、性别和年龄提供"生命疾病信息"，并提供有关优质医院的信息，以及推广各种健康生活知识。基于移动端的地图功能使用户易于找寻医院和药房位置。

指纹便利，登录认证书将密码换成指纹	移动端可以使用语音查找功能

图 2-17　韩国政务网站移动端

在网站上，通过注册认证后按照年龄、性别、城市和喜好获得定制化的服务，实现了审批与服务的完美结合，如图 2-18 所示。

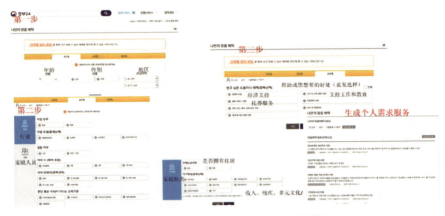

图 2-18　韩国政务网站定制化服务

二、评估指标体系

（一）编制指标

2019 年中国科协信息中心开始编制《中国科协网站评估指标体系》，参考了国家信息化发展指数、智慧城市发展指数、《政府网站发展指引》、《政府网站与政务新媒体检查指标、监管工作年度考核指标》等相关资料，借鉴相关部委编制网站评估指标的经验，坚持以评促建、以评促用、评建结合的宗旨和客观、公正、公平的原则，综合反映全国学会、省级科协网站的发展水平，结合互联网发展趋势和用户需求，起草了《中国科协网站评估指标体系（征求意见稿）》。

评估指标强化了对信息公开规范性的要求；从提升互联网科协形象的角度出发，加大了对网站安全和用户体验的评估；从提升互联网影响力、加强舆论引导的角度出发，进一步细化了对各级科协网站利用政务微信、政务微博、搜索引擎等社会化平台开展服务的评估要点。通过评估，科学评价科协系统网站建设管理、运维保障和应用传播水平，引导全国学会和省级科协加快推进网站向科学化、集约化、规范化、智慧化方向发展，将中国科协系统网站打造成整体联动、资源共享、权威准确、集中全面的科普宣传和科技服务平台，切实增强科技工作者和群众的参与感、获得感与认同感。

同时开展《中国科协网站评估指标体系（征求意见稿）》意见征求工作，组织中国科协网站评估指标体系编制研讨会，邀请电子政务、政府网站领域的专家、学者及相关领导，围绕指标的科学性、可行性、创新性、前瞻性进行研讨。同时选择不同类型的全国学会、省级科协网站进行数据采集，对指标进行测试，不断完善各级指标和权重，最终形成了《中国科协网站评估指标体系》。

（二）设计原则

1. 政治性

提高政治站位，准确把握科协发展政治方向，强化政治引领，以坚定的政治方向为核心，打造中国科协系统网站的思想政治教育新名片。严格依据上级部门对网站工作的政策性要求，不断推动政策落实工作。

2. 科学性

依据网站评估工作经验，需符合不同类型单位的实际情况，做到科学有效地反映中国科协系统网站的发展现状。简单明了、便于收集，具备较高的可操作性和科学性，能够定量处理，便于计算和统计分析。

3. 实效性

坚持以科技工作者为中心，不断提升网上服务平台建设的要求，并着力考察服务平台的应用实效。突出网站安全管理的重要性和紧迫性，强调不断提高网站安全防护能力，持续推进并保障网站安全、正常、稳定运行。

4. 互动性

加强开放互动的渠道平台建设，确保开放互动顺利开展。促进各单位广泛倾听公众意见，接受社会的批评监督，不断强化网站联系科技工作者和群众的作用，切实增强互动交流和回应关切的实际效果。

5. 创新性

提升政务微博、微信、自适应网站等技术创新应用能力，旨在引导网站积极应用新媒体技术，及时发布各类权威信息，尤其是涉及科技工作者和群众重大关切的公共事件和政策法规信息，方便用户及时获取信息和服务。

6. 先进性

注重网站设计，凸显功能应用，更好地提升网站先进性。引导各单位结合业务职能，加强网站设计，体现科协特色，让更多的科技工作者和群众逐渐接触、了解、使用网站，从而不断提高网站认知度和用户黏性。

（三）指标说明

中国科协网站评估指标体系由 6 个一级指标和 25 个二级指标构成，如表 2－2 所示。其中：一级指标包括信息公开、在线服务、移动应用、网站安全、用户体验和互动交流 6 个；二级指标包括党建工作、工作动态、组织机构、通知公告、科学普及、学术交流、科技智库、财务统计、国际交流、期刊、表彰奖励、项目申报、服务窗口、微信公众号、微博、安全事件、高危漏洞、首页更新、搜索功能、站点可用性、链接有效性、英文版网站、自适应网站、网上调查或意见征集、投诉信箱25 个。同时根据各个指标在整个指标体系中的地位、作用确定不同的权重。

1. 信息公开

反映各单位按照《政府网站发展指引》进行网站建设情况（权重25%），包括 11 个二级指标。

（1）党建工作（二级指标，权重 5%）。反映各单位网站的党建工作栏目的开设情况，以及党组织建设等活动的内容发布情况。

（2）工作动态（二级指标，权重 20%）。反映各单位网站的工作动态栏目的开设情况，以及相关动态、新闻等内容的发布情况。

表 2-2　中国科协网站建设评估指标体系

一级指标	权重(%)	二级指标	权重(%)	评估要点
信息公开	25	党建工作	5	1. 开设党建工作栏目，得 100 分； 2. 未开设，得 0 分
		工作动态	20	1. 开设工作动态栏目，得 100 分； 2. 未开设，得 0 分
		组织机构	20	1. 开设组织机构栏目，得 100 分； 2. 未开设，得 0 分
		通知公告	20	1. 开设通知公告栏目，得 100 分； 2. 未开设，得 0 分
		科学普及	5	1. 开设科学普及栏目，得 100 分； 2. 未开设，得 0 分
		学术交流	5	1. 开设学术交流栏目，得 100 分； 2. 未开设，得 0 分
		科技智库	5	1. 开设科技智库栏目，得 100 分； 2. 未开设，得 0 分
		财务统计	5	1. 开设财务统计栏目，得 100 分； 2. 未开设，得 0 分
		国际交流	5	1. 开设国际交流栏目，得 100 分； 2. 未开设，得 0 分
		期刊	5	1. 开设期刊栏目，得 100 分； 2. 未开设，得 0 分
		表彰奖励	5	1. 开设表彰奖励栏目，得 100 分； 2. 未开设，得 0 分

续表

一级指标	权重(%)	二级指标	权重(%)	评估要点
在线服务	15	项目申报	50	1. 提供项目申报工作平台，得100分； 2. 无项目申报平台，但提供项目申报信息，得50分； 3. 无项目申报平台，且未提供项目申报信息，得0分
		服务窗口	50	1. 提供服务窗口，得100分； 2. 未提供的，得0分
移动应用	15	微信公众号	60	1. 建立微信公众号，得100分； 2. 未建立，得0分
		微博	40	1. 建立微博，得100分； 2. 未建立，得0分
网站安全	10	安全事件	50	1. 未发生重大网络与信息安全事件，得100分； 2. 发生一次网络与信息安全事件，得0分
		高危漏洞	50	1. 未发生高危漏洞，得100分； 2. 每检测出一个高危漏洞，扣5分，扣完为止
用户体验	25	首页更新	20	1. 首页每天更新，得100分； 2. 首页每2天更新，得75分； 3. 首页每3天更新，得50分； 4. 首页3天以上不更新，得0分
		搜索功能	20	1. 提供搜索功能，得100分； 2. 未提供，得0分
		站点可用性	20	1. 评估期间网站能够正常访问，得100分； 2. 发现一次不能正常访问的情况，得0分
		链接有效性	20	网站链接有效情况： 得分 = 100 × （网站正常可访问链接数/网站总链接数）

续表

一级指标	权重(%)	二级指标	权重(%)	评估要点
用户体验	25	英文版网站	10	1. 能够提供英文版网站，得100分； 2. 未提供，得0分
		自适应网站	10	1. 建设自适应网站，得100分； 2. 未建设，得0分
互动交流	10	网上调查或意见征集	50	1. 能够提供网上调查或意见征集渠道，得100分； 2. 未提供，得0分
		投诉信箱	50	1. 能够提供投诉信箱，得100分； 2. 未提供，得0分

（3）组织机构（二级指标，权重20%）。反映各单位网站的组织机构栏目的开设情况，以及相关单位机构简介等内容的发布情况。

（4）通知公告（二级指标，权重20%）。反映各单位网站的通知公告栏目开设情况，以及通知、公告、公示等内容的发布情况。

（5）科学普及（二级指标，权重5%）。反映各单位网站的科学普及栏目开设情况，以及相关科普活动内容的发布情况。

（6）学术交流（二级指标，权重5%）。反映各单位网站的学术交流栏目开设情况，以及相关活动信息的发布情况。

（7）科技智库（二级指标，权重5%）。反映各单位网站的科技智库栏目开设情况，以及相关信息的内容发布情况。

（8）财务统计（二级指标，权重5%）。反映各单位网站的财务统计栏目开设情况，以及相关财务数据等信息的发布情况。

（9）国际交流（二级指标，权重5%）。反映各单位网站的国际交流栏目开设情况，以及各单位组织的国际交流活动等信息的内容发布情况。

（10）期刊（二级指标，权重5%）。反映各单位网站的期刊栏目开设情况，以及相关信息的内容发布情况。

（11）表彰奖励（二级指标，权重5%）。反映各单位网站的表彰奖励栏目开设情况，以及重要奖项的获奖情况等信息的发布情况。

2. 在线服务

反映各单位网站在线服务平台和窗口的建设水平（权重15%），包括2个二级指标。

（1）项目申报（二级指标，权重50%）。反映各单位网站项目申报服务的提供情况，包括是否提供项目申报工作平台，或提供项目申报信息的情况。

（2）服务窗口（二级指标，权重50%）。反映各单位网站服务窗口的建设情况，包括服务窗口的提供情况，以及服务应用系统的整合情况。

3. 移动应用

反映各单位网站移动端的建设情况（权重15%），包括2个二级指标。

（1）微信公众号（二级指标，权重60%）。反映各单位网站微信公众号的建设情况，以及相关内容的发布情况。

（2）微博（二级指标，权重40%）。反映各单位网站微博的建设情况，以及相关内容的发布情况。

4. 网站安全

反映各单位网站信息安全防护情况（权重10%），包括2个二级指标。

（1）安全事件（二级指标，权重50%）。反映各单位网站在日常信息安全防护中出现安全事件的情况，包括本年度重大网络与信息安全事件发生的次数，发生一次此项指标不得分。

（2）高危漏洞（二级指标，权重50%）。反映各单位网站在日常信息安全防护中出现高危漏洞的情况，在评估期间每检测出一个高危漏洞，扣5分，扣完为止。

5. 用户体验

反映各单位网站用户体验情况（权重25%），包括6个二级指标。

（1）首页更新（二级指标，权重20%）。反映各单位网站内容更新情况。

（2）搜索功能（二级指标，权重20%）。反映各单位网站搜索功能的建设情况，以及站内搜索功能的可用情况。

（3）站点可用性（二级指标，权重20%）。反映各单位网站的正常访问情况，在评估期间发现网站有一次不能正常访问，此项指标不得分。

（4）链接有效性（二级指标，权重20%）。反映各单位网站各链接的正常访问情况，包括是否出现链接不可用、链接不准确等情况。

（5）英文版网站（二级指标，权重10%）。反映各单位英文版网站的建设情况，以及内容发布情况。

（6）自适应网站（二级指标，权重10%）。反映各单位网站的自适应情况，包括是否能够自动适配兼容各类终端、分辨率、操作系统等内容，并保证内容一致。

6. 互动交流

反映各单位网站互动交流情况（权重10%），包括2个二级指标。

（1）网上调查或意见征集（二级指标，权重50%）。反映各单位网站的网上调查或意见征集建设情况，以及渠道应用水平。

（2）投诉信箱（二级指标，权重50%）。反映各单位网站投诉信箱的建设情况，以及渠道应用水平。

（四）数据采集

2020年，为了全面掌握210个全国学会、31个省级科协网站建设情况，基于网站安全扫描与运行监测系统，中国科协"利用系统抓取＋人工核验"的方法，对210个全国学会、31个省级科协网站建设运行情况进行数据采集、分析，对异常数据进行复核，确保评估数据的科学性、准确性。同时依据评估数据，进行科协系统网站评估排名。

三、中国科协系统网站评估结果

（一）全国学会网站评估排名

中国科协网站评估中，中国建筑学会、中国汽车工程学会、中华医学会、中国地质学会、中国城市规划学会、中国岩石力学与工程学会、中国复合材料学会、中国金属学会、中国环境科学学会、中国纺织工程学会分列全国学会网站评估前十名。全国学会网站评估结果如表2－3所示。

表2－3　全国学会网站评估结果排名

序号	单位	总指数	信息公开	在线服务	移动应用	网站安全	用户体验	互动交流
1	中国建筑学会	0.9482	0.9000	1.0000	1.0000	1.0000	0.8926	1.0000
2	中国汽车工程学会	0.9375	0.9500	1.0000	1.0000	1.0000	1.0000	0.5000
3	中华医学会	0.9200	0.9500	1.0000	0.6000	0.9250	1.0000	1.0000
4	中国地质学会	0.9123	0.9500	1.0000	1.0000	1.0000	0.8990	0.5000

续表

序号	单位	总指数	信息公开	在线服务	移动应用	网站安全	用户体验	互动交流
5	中国城市规划学会	0.9116	0.9500	1.0000	1.0000	1.0000	0.8963	0.5000
6	中国岩石力学与工程学会	0.8849	0.9500	1.0000	1.0000	1.0000	0.9897	0.0000
7	中国复合材料学会	0.8834	0.9500	1.0000	1.0000	1.0000	0.9837	0.0000
8	中国金属学会	0.8712	0.9500	1.0000	0.6000	1.0000	0.9748	0.5000
9	中国环境科学学会	0.8697	0.9500	1.0000	1.0000	1.0000	0.7289	0.5000
10	中国纺织工程学会	0.8636	0.9000	1.0000	1.0000	0.9250	0.9844	0.0000
11	中国水利学会	0.8635	0.9000	1.0000	0.6000	1.0000	0.9938	0.5000
12	中国地理学会	0.8625	0.9000	0.7500	1.0000	1.0000	0.9000	0.5000
13	中国营养学会	0.8625	0.8500	1.0000	1.0000	1.0000	1.0000	0.0000
14	中国机械工程学会	0.8617	0.9500	1.0000	1.0000	1.0000	0.8969	0.0000
15	中国电机工程学会	0.8548	0.9500	1.0000	1.0000	1.0000	0.8691	0.0000
16	中国电源学会	0.8444	0.9000	1.0000	1.0000	1.0000	0.8775	0.0000
17	中国细胞生物学学会	0.8371	0.8500	1.0000	1.0000	1.0000	0.8983	0.0000
18	中国康复医学会	0.8360	0.9000	0.2500	1.0000	1.0000	0.8940	1.0000
19	中国生物化学与分子生物学会	0.8249	0.8500	0.7500	1.0000	1.0000	0.9996	0.0000
20	中国稀土学会	0.8244	0.9000	1.0000	1.0000	1.0000	0.7975	0.0000
21	中国气象学会	0.8233	0.9000	1.0000	1.0000	1.0000	0.5932	0.5000
22	中国通信学会	0.8230	0.9000	1.0000	1.0000	1.0000	0.7918	0.0000
23	中国药学会	0.8149	0.9500	0.7500	1.0000	0.9250	0.8896	0.0000
24	中国电子学会	0.8024	0.9500	1.0000	0.6000	1.0000	0.8994	0.0000
25	中国公路学会	0.8023	0.9500	1.0000	0.6000	1.0000	0.8991	0.0000
26	中国发明协会	0.8015	0.9500	1.0000	0.6000	1.0000	0.6961	0.5000
27	中国光学工程学会	0.8000	0.9000	1.0000	1.0000	1.0000	0.7000	0.0000
28	中国人工智能学会	0.7994	0.9500	0.7500	1.0000	1.0000	0.7977	0.0000

序号	单位	总指数	信息公开	在线服务	移动应用	网站安全	用户体验	互动交流
29	中国实验动物学会	0.7899	0.9500	0.7500	0.6000	1.0000	0.9996	0.0000
30	中国照明学会	0.7893	0.9000	1.0000	0.6000	1.0000	0.8970	0.0000
31	中国反邪教协会	0.7874	0.5500	0.5000	1.0000	1.0000	0.8996	1.0000
32	中国力学学会	0.7873	0.9000	0.2500	1.0000	1.0000	0.8993	0.5000
33	中华口腔医学会	0.7868	0.8500	0.5000	1.0000	1.0000	0.9970	0.0000
34	中国航海学会	0.7864	0.9500	0.7500	0.6000	1.0000	0.9855	0.0000
35	中国自动化学会	0.7849	0.9000	0.7500	1.0000	1.0000	0.7896	0.0000
36	中国体育科学学会	0.7842	0.9000	1.0000	0.6000	1.0000	0.8769	0.0000
37	中国生物医学工程学会	0.7806	0.9000	0.7500	1.0000	1.0000	0.7723	0.0000
38	中国标准化协会	0.7796	0.8500	0.7500	1.0000	0.9000	0.8984	0.5000
39	中国优选法统筹法与经济数学研究会	0.7772	0.9000	0.7500	0.6000	1.0000	0.9987	0.0000
40	中国知识产权研究会	0.7766	0.8500	1.0000	0.6000	1.0000	0.8963	0.0000
41	中国测绘地理信息学会	0.7754	0.9500	1.0000	0.6000	1.0000	0.7916	0.0000
42	中国食品科学技术学会	0.7748	0.8500	0.7500	1.0000	1.0000	0.7991	0.0000
43	中国作物学会	0.7744	0.8500	1.0000	0.6000	1.0000	0.6876	0.5000
44	中国电工技术学会	0.7742	0.9500	0.2500	1.0000	1.0000	0.9968	0.0000
45	中国流行色协会	0.7732	0.8500	0.2500	1.0000	1.0000	0.8928	0.5000
46	中华预防医学会	0.7713	0.9000	0.7500	0.6000	1.0000	0.7750	0.5000
47	中国兵工学会	0.7666	0.9500	0.7500	0.6000	1.0000	0.7063	0.5000
48	中国老科学技术工作者协会	0.7650	0.9000	1.0000	0.6000	1.0000	0.8000	0.0000
49	中国海洋湖沼学会	0.7648	0.9000	1.0000	0.6000	1.0000	0.7993	0.0000
50	中国卫星导航定位协会	0.7647	0.8000	1.0000	0.6000	1.0000	0.8988	0.0000
51	中国水力发电工程学会	0.7645	0.9000	1.0000	0.6000	1.0000	0.7980	0.0000
52	中国颗粒学会	0.7633	0.9000	1.0000	0.6000	1.0000	0.7930	0.0000

续表

序号	单位	总指数	信息公开	在线服务	移动应用	网站安全	用户体验	互动交流
53	中国计算机学会	0.7622	0.8000	0.2500	1.0000	1.0000	0.8987	0.5000
54	中国计量测试学会	0.7612	0.9000	1.0000	0.6000	1.0000	0.7849	0.0000
55	中国海洋学会	0.7578	0.9000	1.0000	0.6000	1.0000	0.7713	0.0000
56	中国心理学会	0.7577	0.9000	1.0000	0.6000	1.0000	0.7706	0.0000
57	中国植物保护学会	0.7563	0.8000	1.0000	0.6000	1.0000	0.8652	0.0000
58	中国晶体学会	0.7537	0.9000	1.0000	0.6000	1.0000	0.7548	0.0000
59	中国宇航学会	0.7525	0.9000	0.7500	0.6000	1.0000	0.9000	0.0000
60	中国卒中学会	0.7501	0.9000	0.7500	0.6000	1.0000	0.8903	0.0000
61	中国电影电视技术学会	0.7500	0.9000	0.5000	1.0000	1.0000	0.8000	0.0000
62	中国抗癌协会	0.7494	0.9500	0.2500	1.0000	1.0000	0.8975	0.0000
63	中国光学学会	0.7492	0.8500	0.7500	1.0000	1.0000	0.6967	0.0000
64	中国微米纳米技术学会	0.7490	0.8500	0.2500	1.0000	1.0000	0.7960	0.5000
65	中国职业安全健康协会	0.7478	0.8500	1.0000	0.6000	1.0000	0.7812	0.0000
66	中国体视学学会	0.7477	0.9000	0.7500	0.6000	1.0000	0.8809	0.0000
67	中国科普作家协会	0.7450	0.8500	0.2500	1.0000	0.9500	0.9998	0.0000
68	中华中医药学会	0.7418	0.9500	1.0000	0.6000	0.6500	0.7972	0.0000
69	中国茶叶学会	0.7407	0.9500	0.7500	1.0000	0.9250	0.5927	0.0000
70	中国药理学会	0.7400	0.8500	0.7500	0.6000	1.0000	0.7000	0.5000
71	中国水产学会	0.7398	0.8500	0.7500	0.6000	1.0000	0.8991	0.0000
72	中华护理学会	0.7398	0.8500	0.2500	0.6000	1.0000	0.9990	0.5000
73	中国针灸学会	0.7386	0.9500	0.7500	0.6000	1.0000	0.7945	0.0000
74	中国风景园林学会	0.7385	0.8500	0.7500	0.6000	1.0000	0.8940	0.0000
75	中国图象图形学学会	0.7374	0.8000	0.7500	1.0000	1.0000	0.6997	0.0000
76	中国烟草学会	0.7374	0.8000	0.2500	1.0000	1.0000	0.7995	0.5000
77	中国矿物岩石地球化学学会	0.7365	0.9000	0.7500	0.6000	1.0000	0.8361	0.0000
78	中国印刷技术协会	0.7316	0.8500	0.7500	0.6000	1.0000	0.8662	0.0000

续表

序号	单位	总指数	信息公开	在线服务	移动应用	网站安全	用户体验	互动交流
79	中国睡眠研究会	0.7275	0.8000	0.7500	0.6000	1.0000	0.9000	0.0000
80	中国仪器仪表学会	0.7274	0.9000	0.2500	0.6000	1.0000	0.8997	0.5000
81	中国化工学会	0.7273	0.9000	0.2500	0.6000	1.0000	0.8993	0.5000
82	中国仿真学会	0.7268	0.9000	0.7500	0.6000	1.0000	0.7971	0.0000
83	中国青少年科技辅导员协会	0.7262	0.9000	0.7500	0.6000	1.0000	0.7947	0.0000
84	中国粮油学会	0.7261	0.9500	1.0000	0.6000	1.0000	0.5945	0.0000
85	中国农业工程学会	0.7253	0.9000	0.7500	0.6000	1.0000	0.7911	0.0000
86	中国生物多样性保护与绿色发展基金会	0.7243	0.7500	0.7500	1.0000	1.0000	0.6971	0.0000
87	中国硅酸盐学会	0.7232	0.8500	0.7500	0.6000	1.0000	0.8328	0.0000
88	中国毒理学会	0.7202	0.9000	0.2500	0.6000	1.0000	0.8708	0.5000
89	中国神经科学学会	0.7150	0.8500	0.7500	0.6000	1.0000	0.8000	0.0000
90	中国土木工程学会	0.7150	0.9000	1.0000	0.6000	1.0000	0.6000	0.0000
91	中国热带作物学会	0.7145	0.8500	0.7500	0.6000	1.0000	0.7981	0.0000
92	中国土地学会	0.7143	0.8500	0.7500	0.6000	1.0000	0.7972	0.0000
93	中国中西医结合学会	0.7142	0.8500	0.7500	0.0000	0.9250	0.7869	1.0000
94	中国煤炭学会	0.7131	0.8500	0.7500	0.6000	1.0000	0.7923	0.0000
95	中国地震学会	0.7108	0.8500	0.7500	0.6000	1.0000	0.7832	0.0000
96	中国大坝工程学会	0.7106	0.8500	0.2500	0.6000	1.0000	0.8822	0.5000
97	中国科技新闻学会	0.7090	0.9000	0.2500	1.0000	1.0000	0.7859	0.0000
98	中国工业设计协会	0.7079	0.9000	0.2500	1.0000	1.0000	0.7816	0.0000
99	中国化学会	0.7067	0.9000	0.5000	0.6000	0.6750	0.9969	0.0000
100	中国数学会	0.7025	0.9000	0.2500	0.6000	1.0000	1.0000	0.0000
101	中国图学学会	0.7016	0.8000	0.7500	0.6000	1.0000	0.7962	0.0000

续表

序号	单位	总指数	信息公开	在线服务	移动应用	网站安全	用户体验	互动交流
102	中国植物生理与植物分子生物学学会	0.7000	0.8500	0.2500	1.0000	1.0000	0.8000	0.0000
103	中国海洋工程咨询协会	0.7000	0.8000	1.0000	0.0000	1.0000	0.8000	0.5000
104	中国野生动物保护协会	0.6926	0.7500	0.2500	1.0000	1.0000	0.8705	0.0000
105	中国生物物理学会	0.6900	0.8500	0.7500	0.6000	1.0000	0.7000	0.0000
106	中国核学会	0.6899	0.9500	0.2500	0.6000	1.0000	0.8996	0.0000
107	中国科技馆发展基金会	0.6899	0.7500	0.2500	0.6000	1.0000	0.8994	0.5000
108	中国指挥与控制学会	0.6898	0.9500	0.2500	0.6000	1.0000	0.8991	0.0000
109	中国畜牧兽医学会	0.6894	0.8500	0.7500	0.6000	1.0000	0.6977	0.0000
110	中国林学会	0.6888	0.9500	0.2500	0.6000	1.0000	0.8953	0.0000
111	中国科学探险协会	0.6875	0.7000	0.2500	1.0000	1.0000	0.9000	0.0000
112	中国研究型医院学会	0.6874	0.9000	0.2500	1.0000	1.0000	0.6996	0.0000
113	中国产学研合作促进会	0.6873	0.8000	0.2500	1.0000	1.0000	0.7993	0.0000
114	中国女医师协会	0.6865	0.8000	0.2500	1.0000	1.0000	0.7960	0.0000
115	中国水土保持学会	0.6816	0.9000	1.0000	0.0000	0.8250	0.8964	0.0000
116	中国铁道学会	0.6796	0.9500	1.0000	0.0000	0.9250	0.7985	0.0000
117	中国农业机械学会	0.6775	0.9000	0.2500	0.6000	1.0000	0.9000	0.0000
118	中国工艺美术学会	0.6773	0.7000	0.2500	0.6000	1.0000	0.8991	0.5000
119	中国防痨协会	0.6771	0.9000	0.7500	0.6000	1.0000	0.5982	0.0000
120	中国图书馆学会	0.6771	0.9000	0.2500	0.6000	1.0000	0.8985	0.0000
121	中国管理现代化研究会	0.6750	0.7500	0.2500	1.0000	1.0000	0.8000	0.0000
122	中国科学技术期刊编辑学会	0.6715	0.8000	0.7500	0.6000	0.8500	0.7359	0.0000
123	中国微生物学会	0.6713	0.8000	0.2500	0.4000	1.0000	0.8953	0.5000
124	中国园艺学会	0.6650	0.8500	0.7500	0.6000	1.0000	0.6000	0.0000
125	中国植物营养与肥料学会	0.6650	0.8500	0.2500	0.6000	1.0000	0.9000	0.0000

序号	单位	总指数	信息公开	在线服务	移动应用	网站安全	用户体验	互动交流
126	中国免疫学会	0.6631	0.8500	0.2500	0.6000	1.0000	0.8922	0.0000
127	中国制冷学会	0.6622	0.9000	0.2500	1.0000	1.0000	0.5987	0.0000
128	中国农学会	0.6612	0.9500	0.2500	0.6000	1.0000	0.7849	0.0000
129	中国材料研究学会	0.6523	0.9000	0.2500	0.6000	1.0000	0.7992	0.0000
130	中国菌物学会	0.6516	0.8000	0.0000	0.6000	0.9000	0.8864	0.5000
131	中国麻风防治协会	0.6508	0.9000	0.2500	0.6000	1.0000	0.7933	0.0000
132	中国生物材料学会	0.6491	0.8000	0.2500	0.6000	1.0000	0.8864	0.0000
133	中国内燃机学会	0.6485	0.8500	0.2500	0.6000	1.0000	0.5940	0.0000
134	中国消防协会	0.6464	0.8500	0.2500	1.0000	1.0000	0.5857	0.0000
135	中国病理生理学会	0.6400	0.8500	0.2500	0.6000	1.0000	0.8000	0.0000
136	中国遗传学会	0.6400	0.8500	0.2500	0.6000	1.0000	0.8000	0.0000
137	中国真空学会	0.6398	0.8500	0.2500	0.6000	1.0000	0.7993	0.0000
138	中国基本建设优化研究会	0.6397	0.8500	0.2500	0.6000	1.0000	0.7986	0.0000
139	中国生态学学会	0.6396	0.8500	0.2500	0.6000	1.0000	0.7984	0.0000
140	中国土壤学会	0.6381	0.8500	0.2500	0.6000	1.0000	0.7923	0.0000
141	中国医学救援协会	0.6362	0.7500	0.2500	0.6000	1.0000	0.6846	0.5000
142	中国动物学会	0.6354	0.9000	0.7500	0.6000	1.0000	0.7914	0.0000
143	中国有色金属学会	0.6349	0.9500	0.2500	0.6000	1.0000	0.6796	0.0000
144	中国天文学会	0.6331	0.8500	0.7500	0.0000	1.0000	0.8324	0.0000
145	中国城市科学研究会	0.6328	0.9500	0.2500	0.6000	1.0000	0.6713	0.0000
146	中国物理学会	0.6319	0.8000	0.7500	0.0000	1.0000	0.8774	0.0000
147	中国系统工程学会	0.6299	0.8500	0.2500	0.6000	1.0000	0.7595	0.0000
148	中国自然科学博物馆协会	0.6271	0.8000	0.2500	0.6000	1.0000	0.5983	0.5000
149	中国技术经济学会	0.6257	0.9000	0.2500	0.6000	1.0000	0.6927	0.0000
150	中国石油学会	0.6182	0.8500	0.7500	0.0000	1.0000	0.7726	0.0000

续表

序号	单位	总指数	信息公开	在线服务	移动应用	网站安全	用户体验	互动交流
151	中国生物工程学会	0.6150	0.8500	0.2500	0.6000	1.0000	0.7000	0.0000
152	中国高科技产业化研究会	0.6149	0.9500	0.2500	0.6000	1.0000	0.5995	0.0000
153	中国感光学会	0.6146	0.8500	0.2500	0.6000	1.0000	0.6982	0.0000
154	中国可再生能源学会	0.6133	0.8500	0.2500	0.6000	1.0000	0.6933	0.0000
155	中国航空学会	0.6131	0.7500	0.2500	0.6000	1.0000	0.7925	0.0000
156	中国地球物理学会	0.6093	0.8500	0.2500	0.6000	1.0000	0.6772	0.0000
157	中国心理卫生协会	0.6042	0.7500	0.2500	0.6000	1.0000	0.7569	0.0000
158	中国造船工程学会	0.6022	0.9000	0.2500	0.6000	1.0000	0.5989	0.0000
159	中国能源研究会	0.6009	0.9000	0.2500	0.6000	1.0000	0.5935	0.0000
160	中国科学学与科技政策研究会	0.6009	0.8000	0.2500	0.6000	1.0000	0.6936	0.0000
161	中国创造学会	0.5985	0.8500	0.2500	0.0000	1.0000	0.7939	0.5000
162	中国生理学会	0.5984	0.8000	0.2500	0.6000	1.0000	0.6837	0.0000
163	中国古生物学会	0.5980	0.8500	0.2500	0.6000	0.8500	0.6921	0.0000
164	中国惯性技术学会	0.5953	0.8500	0.0000	0.6000	1.0000	0.5713	0.5000
165	中国造纸学会	0.5915	0.8000	0.2500	0.6000	0.9250	0.6860	0.0000
166	中国动力工程学会	0.5900	0.8000	0.0000	0.6000	1.0000	0.8000	0.0000
167	中国档案学会	0.5873	0.8500	0.5000	0.0000	1.0000	0.7993	0.0000
168	中国解剖学会	0.5872	0.8000	0.2500	0.0000	1.0000	0.9989	0.0000
169	中国可持续发展研究会	0.5812	0.7500	0.0000	1.0000	1.0000	0.5748	0.0000
170	中国遥感应用协会	0.5775	0.8000	0.2500	0.6000	1.0000	0.6000	0.0000
171	中国国际经济技术合作促进会	0.5771	0.8500	0.0000	0.6000	1.0000	0.6985	0.0000
172	中国昆虫学会	0.5741	0.8500	0.7500	0.0000	1.0000	0.5963	0.0000
173	中国空气动力学会	0.5650	0.8500	0.2500	0.6000	0.7500	0.6000	0.0000
174	中国空间科学学会	0.5646	0.7500	0.2500	0.6000	1.0000	0.5984	0.0000

序号	单位	总指数	信息公开	在线服务	移动应用	网站安全	用户体验	互动交流
175	中国密码学会	0.5642	0.7500	0.2500	0.0000	1.0000	0.7568	0.5000
176	中国中文信息学会	0.5613	0.7500	0.2500	0.6000	1.0000	0.5850	0.0000
177	中国草学会	0.5500	0.9500	0.2500	0.0000	1.0000	0.7000	0.0000
178	中国科学技术情报学会	0.5495	0.7000	0.2500	0.6000	1.0000	0.5881	0.0000
179	中国检验检疫学会	0.5464	0.8000	0.2500	0.6000	1.0000	0.4754	0.0000
180	中国植物学会	0.5370	0.7000	0.2500	0.0000	1.0000	0.8981	0.0000
181	中国青藏高原研究会	0.5365	0.9000	0.2500	0.0000	0.5000	0.8960	0.0000
182	中国自然资源学会	0.5350	0.8000	0.0000	0.6000	1.0000	0.5798	0.0000
183	中国认知科学学会	0.5275	0.6500	0.0000	0.6000	1.0000	0.7000	0.0000
184	中国运筹学会	0.5275	0.8500	0.0000	0.6000	0.5000	0.7000	0.0000
185	中国微循环学会	0.5145	0.7000	0.0000	0.6000	1.0000	0.5980	0.0000
186	中国科学技术史学会	0.5125	0.8500	0.0000	0.0000	1.0000	0.8000	0.0000
187	中国未来研究会	0.5100	0.7000	0.2500	0.0000	1.0000	0.5900	0.0000
188	中国自然辩证法研究会	0.5000	0.8500	0.2500	0.0000	1.0000	0.6000	0.0000
189	中国女科技工作者协会	0.4871	0.8000	0.2500	0.0000	1.0000	0.5982	0.0000
190	中国科教电影电视协会	0.4867	0.8000	0.2500	0.0000	1.0000	0.5969	0.0000
191	中国振动工程学会	0.4860	0.8000	0.2500	0.0000	1.0000	0.5940	0.0000
192	中国法医学会	0.4750	0.7500	0.2500	0.0000	1.0000	0.6000	0.0000
193	中国植物病理学会	0.4717	0.7500	0.2500	0.0000	1.0000	0.5868	0.0000
194	中国工程热物理学会	0.4617	0.7000	0.2500	0.0000	1.0000	0.5969	0.0000
195	中国微量元素科学研究会	0.4487	0.8000	0.0000	0.0000	1.0000	0.5946	0.0000
196	中国工程教育专业认证协会	0.4448	0.6500	0.2500	0.0000	1.0000	0.5793	0.0000
197	中国经济科技开发国际交流协会	0.4245	0.7000	0.0000	0.0000	1.0000	0.5981	0.0000
198	中国农业历史学会	—	—	—	—	—	—	—

序号	单位	总指数	信息公开	在线服务	移动应用	网站安全	用户体验	互动交流
199	中国声学学会	—	—	—	—	—	—	—
200	中国环境诱变剂学会	—	—	—	—	—	—	—
201	国际数字地球学会	—	—	—	—	—	—	—
202	国际动物学会	—	—	—	—	—	—	—
203	中国腐蚀与防护学会	—	—	—	—	—	—	—
204	中国文物保护技术协会	—	—	—	—	—	—	—
205	中国工程机械学会	—	—	—	—	—	—	—
206	国际粉体检测与控制联合会	—	—	—	—	—	—	—
207	中国蚕学会	—	—	—	—	—	—	—
208	中国现场统计研究会	—	—	—	—	—	—	—
209	中国农村专业技术协会	—	—	—	—	—	—	—
210	中国国土经济学会	—	—	—	—	—	—	—

注：中国农业历史学会、中国声学学会、中国环境诱变剂学会、国际数字地球学会、国际动物学会、中国腐蚀与防护学会、中国文物保护技术协会、中国工程机械学会、国际粉体检测与控制联合会、中国蚕学会、中国现场统计研究会、中国农村专业技术协会、中国国土经济学会 13 家网站在评估期间无法访问。

（二）省级科协网站评估结果

中国科协网站评估中，重庆、江苏、内蒙古、甘肃、河南、湖北、北京、上海、陕西、山东科协分列省级科协网站评估前十名。省级科协网站评估结果如表 2 - 4 所示。

表 2 – 4 省级科协网站评估结果排名

序号	单位	总指数	信息公开	在线服务	移动应用	网站安全	用户体验	互动交流
1	重庆	0.9469	0.9000	1.0000	1.0000	1.0000	0.8877	1.0000
2	江苏	0.9420	1.0000	1.0000	1.0000	0.9250	0.7980	1.0000
3	内蒙古	0.9120	0.9500	1.0000	1.0000	1.0000	0.8978	0.5000
4	甘肃	0.9023	0.9500	1.0000	0.6000	1.0000	0.8993	1.0000
5	河南	0.8899	1.0000	1.0000	0.6000	1.0000	0.7996	1.0000
6	湖北	0.8819	0.9000	1.0000	0.6000	0.9250	0.8976	1.0000
7	北京	0.8692	0.9000	1.0000	0.6000	0.5500	0.9968	1.0000
8	上海	0.8472	0.9500	0.2500	1.0000	1.0000	0.8888	1.0000
9	陕西	0.8416	0.9500	0.7500	1.0000	0.9250	0.7965	0.5000
10	山东	0.8264	0.9500	1.0000	0.6000	1.0000	0.7955	0.5000
11	云南	0.8247	0.9000	1.0000	0.6000	1.0000	0.8387	0.5000
12	新疆	0.8246	0.9500	0.5000	1.0000	0.8750	0.8984	0.5000
13	福建	0.8146	0.9000	1.0000	0.6000	1.0000	0.7984	0.5000
14	湖南	0.8025	0.8500	1.0000	0.6000	1.0000	0.8000	0.5000
15	天津	0.7989	0.9500	0.2500	1.0000	1.0000	0.8955	0.5000
16	海南	0.7971	0.9500	0.7500	0.6000	0.8250	0.8985	0.5000
17	辽宁	0.7934	0.9500	1.0000	0.6000	0.9250	0.8936	0.0000
18	广西	0.7898	0.9000	0.5000	0.6000	1.0000	0.7993	1.0000
19	吉林	0.7739	0.9500	1.0000	0.6000	1.0000	0.7855	0.0000
20	浙江	0.7645	0.9000	1.0000	0.6000	1.0000	0.7980	0.0000
21	山西	0.7637	0.9500	0.2500	0.6000	1.0000	0.7947	1.0000
22	宁夏	0.7636	0.9500	0.2500	0.6000	1.0000	0.7943	1.0000
23	四川	0.7619	0.9000	1.0000	0.6000	0.9750	0.7977	0.0000
24	贵州	0.7458	0.9000	0.2500	0.6000	1.0000	0.7731	1.0000

续表

序号	单位	总指数	信息公开	在线服务	移动应用	网站安全	用户体验	互动交流
25	黑龙江	0.7389	0.9500	0.7500	0.6000	1.0000	0.7955	0.0000
26	安徽	0.7273	0.8000	0.2500	0.6000	1.0000	0.7990	1.0000
27	广东	0.7224	0.9500	0.2500	0.6000	0.8250	0.8997	0.5000
28	河北	0.7204	0.7500	1.0000	0.6000	0.9500	0.7915	0.0000
29	青海	0.6496	0.8000	0.5000	0.6000	1.0000	0.7383	0.0000
30	江西	0.6146	0.9500	0.2500	0.6000	1.0000	0.5984	0.0000
31	西藏	0.6001	0.9000	0.2500	0.6000	1.0000	0.5904	0.0000

四、中国科协网站评估结果分析

中国科协网站评估对象为 210 家全国学会网站和 31 家省级科协网站，共计 241 家网站（含在评估期间无法访问的中国农业历史学会等 13 家网站）。从信息公开、在线服务、移动应用、网站安全、用户体验和互动交流六个方面进行数据采样和统计分析。

（一）省级科协

在 2019 年网站评估中，省级科协网站的平均得分指数较好，为 0.7952。重庆、江苏、内蒙古和甘肃等 16 家省级科协网站得分总指数在平均值以上，河北、青海、江西和西藏等 15 家省级科协网站得分总指数低于平均值。各省级科协网站得分总指数未出现低于 0.6 的情况，均达到合格水平。

评估结果显示，重庆、江苏和内蒙古科协位列前三，甘肃、河南、湖北、北京、上海、陕西和山东科协分列第四名至第十名。

省级科协网站发展不均衡现象依然存在，如图 2－19 所示，重庆、江苏、内蒙古和甘肃 4 家省级科协网站的得分总指数超过 0.9；河南、湖北、北京和上海等 10 家省级科协网站的得分总指数在 0.8～0.9；天津、海南、辽宁和广西等 14 家省级科协网站的得分总指数在 0.7～0.8；青海、江西和西藏 3 家省级科协网站的得分总指数在 0.6～0.7。24 家省级科协网站得分总指数在 0.7～0.9，多数网站处于中等建设水平，存在两极分化现象。

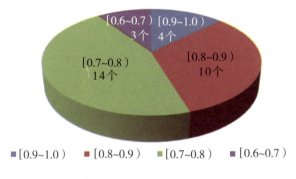

图 2－19　省级科协网站得分总指数分布情况

评估指标按类型分为内容建设和技术功能两个方面。内容建设方面包括信息公开、在线服务和互动交流 3 个一级指标，技术功能方面包括移动应用、网站安全和用户体验 3 个一级指标。如图 2－20 所示，重庆、江苏、内蒙古 3 家省级科协网站在内容建设和技术功能方面均表现优秀，属于全面领先型网站；河南、甘肃、湖北、北京等 7 家省级科协网站在内容建设方面表现相对较好，占比为 22%，属于内容先进型网站；上海、天津、新疆等 5 家省级科协网站在技术功能方面表现相对较好，占比为 16%，属于技术先进型网站；海南、辽宁、广西、吉林等 13 家省级科协网站在内容建设和技术功能方面无明显差距，占比为

42%，属于均衡发展型网站。西藏、江西、青海 3 家省级科协网站在各方面表现均不够理想，发展明显落后于其他省级科协网站，网站各项建设工作亟待加强。

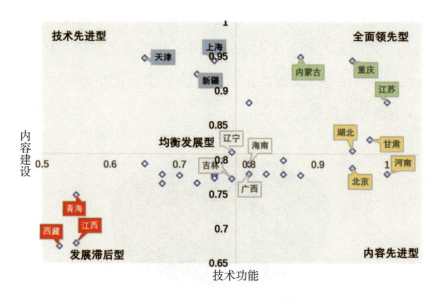

图 2 - 20   各省级科协网站聚类分析情况

另外，不同指标的平均得分指数差异较大，如图 2 - 21 所示。网站安全和信息公开指标表现情况最好，得分指数在 0.9 以上，随着科协系统网站的不断发展，对网站安全和信息公开方面的重视程度和管理水平不断提升。用户体验指标表现情况居中，平均得分指数为 0.8205。互动交流指标表现情况最差，平均得分指数仅为 0.5484，亟待大幅提高。

1. 信息公开方面

信息公开指标包括党建工作、工作动态、组织机构、通知公告、科学普及、学术交流、科技智库、财务统计、国际交流、期刊和表彰奖励 11 个二级指标，如图 2 - 22 所示。其中，工作动态、组织机构、通知公告、科学普及和学术交流指标表现情况最好，平均得分指数为 1.0，

图 2 – 21　省级科协各类指标平均得分及其指数情况

即全国 31 家省级科协网站均能建立相关栏目；党建工作指标次之，平均得分指数为 0.8710；期刊平均得分指数为 0.8387；科技智库平均得分指数为 0.7742；财务统计和国际交流指标表现情况较差，平均得分指数分别为 0.7097 和 0.6129；表彰奖励指标的得分情况最差，平均得分指数仅为 0.5484，说明近半数的省级科协网站未能建立表彰奖励栏目。

由此可见，全国 32 个省级科协网站均建立了工作动态、组织机构、通知公告、科学普及和学术交流栏目；如图 2 – 23 所示，87% 的省级科协网站建立了党建工作栏目；84% 的省级科协网站建立了组织建设栏目；77% 的省级科协网站建立了科技智库栏目；71% 的省级科协网站建立了财务统计栏目；61% 的省级科协网站建立了国际交流栏目；近半数省级科协网站未能建立表彰奖励栏目，仍需进一步加强。

2. 在线服务方面

在线服务指标包括项目申报和服务窗口 2 个二级指标，项目申报指标的表现情况较好，平均得分指数达到 0.8065，如图 2 – 24 所示。服

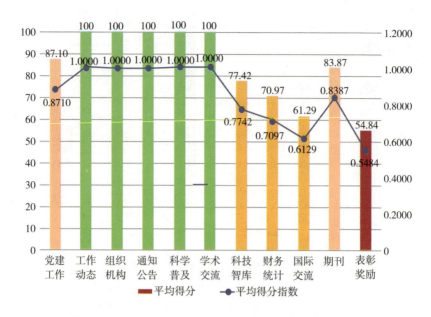

图 2 - 22　信息公开各类指标平均得分及其指数情况

务窗口指标表现情况相对较差，平均得分指数为 0.6129，近 40% 的省级科协网站未能提供服务窗口。

如图 2 - 25 所示，北京、河北、内蒙古和辽宁科协等 19 家省级科协网站建设了项目申报工作平台，其他省级科协网站仅提供了项目申报信息，未能建设项目申报工作平台；辽宁、吉林、江苏及湖北科协等 19 家省级科协网站提供了服务窗口，超过 1/3 的省级科协网站未能建设服务窗口。由此看来，省级科协网站在线服务的实用性还需进一步提升。

3. 移动应用方面

移动应用指标包括微信公众号和微博 2 个二级指标。微信公众号指标表现情况较好，各省级科协网站均能建设微信公众号。微博指标表现情况较差，平均得分指数仅为 0.2258，7 家省级科协单位未使用微博发布信息，亟待提高移动应用的建设水平（如图 2 - 26、图 2 - 27 所示）。

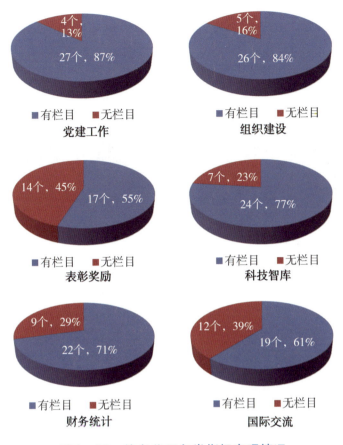

图 2－23　信息公开各类指标表现情况

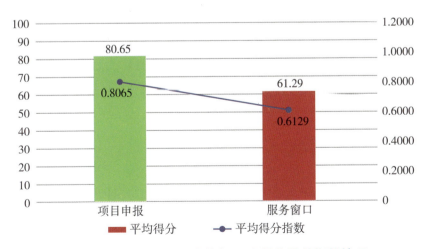

图 2－24　在线服务各类指标平均得分及其指数情况

	北京	天津	河北	山西	内蒙古	辽宁	吉林	黑龙江	上海	江苏	浙江	安徽	福建	江西	山东	河南	湖北	湖南	广东	广西	海南	重庆	四川	贵州	云南	西藏	陕西	甘肃	青海	宁夏	新疆
服务窗口	1	0	1	0	1	1	1	0	0	1	1	0	1	0	1	0	1	1	1	1	0	0	1	1	1	0	1	0	1	1	0
项目申报平台	1	0.5	1	0.5	1	1	1	0.5	0.5	1	1	0.5	1	0.5	1	1	1	1	0.5	1	0.5	1	1	0.5	1	0.5	0.5	1	1	0.5	1

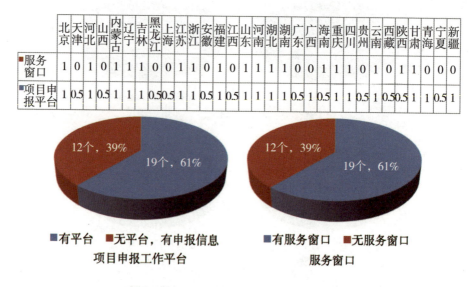

项目申报工作平台
■ 有平台　■ 无平台，有申报信息
19个，61%　12个，39%

服务窗口
■ 有服务窗口　■ 无服务窗口
19个，61%　12个，39%

图 2 - 25　在线服务各类指标表现情况

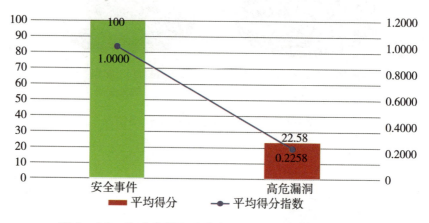

■ 平均得分　—— 平均得分指数

图 2 - 26　移动应用各类指标平均得分及其指数情况

4. 网站安全方面

网站安全指标包括安全事件和高危漏洞 2 个指标。省级科协安全事件指标表现情况较好，全年未发生重大网络与信息安全事件。高危漏洞指标平均得分指数为 0.6774，近 1/3 省级科协的网站存在高危漏洞，对网站安全的重视程度仍有待加强（如图 2 - 28 所示）。

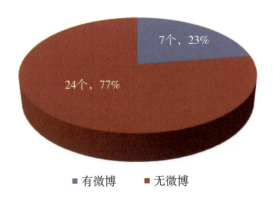

■ 有微博　■ 无微博

图 2 - 27　移动应用各类指标表现情况

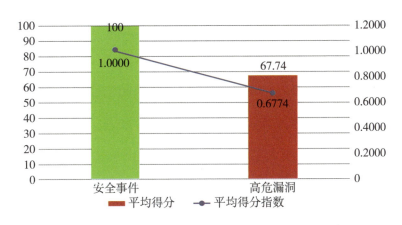

■ 平均得分　●— 平均得分指数

图 2 - 28　网站安全各类指标平均得分及其指数情况

评估结果显示（如图 2 - 29 所示），9 家省级科协网站检测出高危漏洞。其中河北、辽宁、湖北科协等 6 家省级科协网站检测出 1 ~ 5 个高危漏洞；广东和海南科协网站检测出 6 ~ 10 个高危漏洞；北京科协网站检测出 18 个高危漏洞。部分省级科协单位对网站安全不够重视，仍存在较大安全隐患。

5. 用户体验方面

用户体验指标包括首页更新、提供搜索功能、站点可用性、链接有效性、英文版网站和自适应网站 6 个二级指标。省级科协网站的首页更

	北京	天津	河北	山西	内蒙古	辽宁	吉林	黑龙江	上海	江苏	浙江	安徽	福建	江西	山东	河南	湖北	湖南	广东	广西	海南	重庆	四川	贵州	云南	西藏	陕西	甘肃	青海	宁夏	新疆
■高危漏洞	0.1	1	0.9	1	1	0.9	1	1	0.9	0.9	1	1	1	1	1	1	0.9	1	0.7	1	0.7	1	1	1	1	1	0.9	1	1	1	0.8

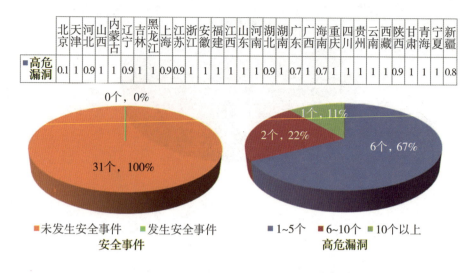

图 2－29　网站安全各类指标表现情况

新和站点可用性指标表现情况较好，在评估期间均能够正常访问，且更新情况较好；链接有效性和提供搜索功能指标次之，平均得分指数分别为 0.9716 和 0.9355；英文版网站指标表现情况较差，平均得分指数仅为 0.0645，超过九成的省级科协单位未能建立英文版网站（如图 2－30 所示）。

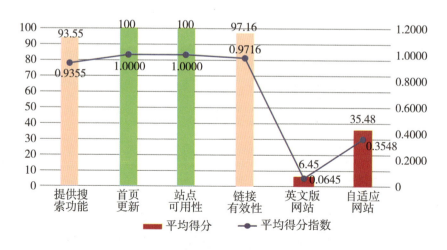

图 2－30　用户体验各类指标平均得分及其指数情况

如表 2 – 5 所示，多数省级科协网站能够提供搜索功能，仅江西、西藏科协网站未能提供搜索功能；多数网站存在链接不可用的情况，仅湖南科协网站未发现相关问题。如图 2 – 31 所示，新疆、湖北和云南等 11 家省级科协网站建设了自适应网站，其余超过 60% 的省级科协网站未能建设自适应网站，整体发展水平相对落后，仍需进一步提升。

表 2 – 5　省级科协网站用户体验各类指标指数情况

指标 省份	提供搜索功能	链接有效性	英文版网站	自适应网站
北京	1	0.9893	1	1
天津	1	0.9851	0	1
河北	1	0.9716	0	0
山西	1	0.9824	0	0
内蒙古	1	0.9928	0	1
辽宁	1	0.9785	0	1
吉林	1	0.9517	0	0
黑龙江	1	0.9851	0	0
上海	1	0.9628	1	0
江苏	1	0.9932	0	0
浙江	1	0.9932	0	0
安徽	1	0.9966	0	0
福建	1	0.9948	0	0
江西	0	0.9948	0	0
山东	1	0.9849	0	0
河南	1	0.9986	0	0
湖北	1	0.9919	0	1
湖南	1	1.0000	0	0

续表

指标 / 省份	提供搜索功能	链接有效性	英文版网站	自适应网站
广东	1	0.9990	0	1
广西	1	0.9975	0	0
海南	1	0.9951	0	1
重庆	1	0.9591	0	1
四川	1	0.9924	0	0
贵州	1	0.9102	0	0
云南	1	0.7958	0	1
西藏	0	0.9681	0	0
陕西	1	0.9882	0	0
甘肃	1	0.9975	0	1
青海	1	0.7943	0	0
宁夏	1	0.9811	0	0
新疆	1	0.9948	0	1

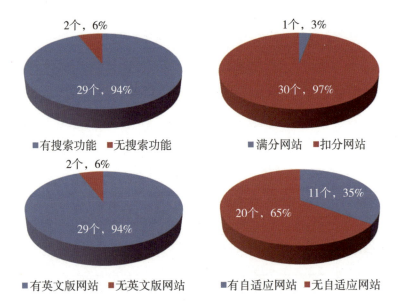

图 2-31 用户体验各类指标表现情况

6. 互动交流方面

如图 2-32 所示，互动交流指标包括网上调查或意见征集、投诉信箱 2 个二级指标。网上调查或意见征集指标平均得分指数为 0.5806，40% 以上的省级科协网站未能开展网上调查、意见征集活动。投诉信箱指标平均得分指数为 0.5161，说明近半数的省级科协网站未能提供投诉信箱，网站互动渠道仍需进一步完善。

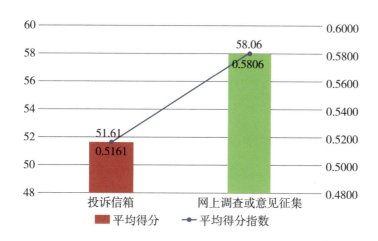

图 2-32　互动交流各类指标平均得分及其指数情况

如图 2-33 所示，评估结果显示，贵州、重庆、山东和河南科协等 18 家单位网站开展了网上调查或意见征集活动，上海、江苏、贵州和甘肃科协等 16 家省级科协网站能够提供投诉渠道。由此可知，近半数的省级科协网站的互动交流指标表现情况较差，渠道建设仍需完善。

（二）全国学会

全国学会网站发展不均衡的现象依然存在（如图 2-34 所示），中国建筑学会、中国汽车工程学会、中华医学会、中国地质学会和中国城市规划学会 5 家全国学会网站的得分总指数超过 0.9；中国岩石力学与

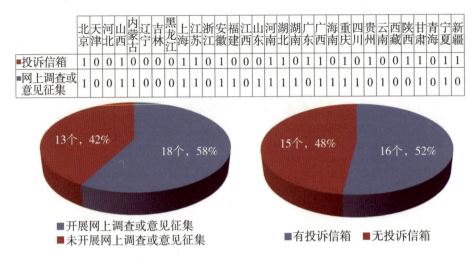

	北京	天津	河北	山西	内蒙古	辽宁	吉林	黑龙江	上海	江苏	浙江	安徽	福建	江西	山东	河南	湖北	湖南	广东	广西	海南	重庆	四川	贵州	云南	西藏	陕西	甘肃	青海	宁夏	新疆
投诉信箱	1	0	0	1	0	0	0	0	1	1	0	1	0	0	0	1	1	0	1	1	0	1	0	1	0	0	1	0	0	1	1
网上调查或意见征集	1	0	0	1	1	0	0	0	1	1	0	1	1	0	1	1	0	1	1	1	1	0	1	1	1	1	0	1	0	1	0

左图：13个，42%；18个，58%
■ 开展网上调查或意见征集
■ 未开展网上调查或意见征集

右图：15个，48%；16个，52%
■ 有投诉信箱 ■ 无投诉信箱

图 2 – 33　互动交流各类指标表现情况

工程学会、中国复合材料学会、中国金属学会和中国环境科学学会等22 家学会网站的得分总指数在 0.8～0.9；中国人工智能学会、中国实验动物学会、中国照明学会和中国反邪教协会等 76 家学会网站的得分总指数在 0.7～0.8；中国野生动物保护协会、中国生物物理学会、中国科技馆发展基金会和中国核学会等 57 家学会网站的得分总指数在 0.6～0.7；50 家全国学会网站的得分总指数在 0～0.6。63% 的全国学会网站得分总指数在 0.6～0.8，多数全国学会网站处于中等建设水平，两极分化现象仍然存在。

　　评估指标按类型分为内容建设和技术功能两个方面。内容建设方面包括信息公开、在线服务和互动交流 3 个一级指标，技术功能方面包括移动应用、网站安全和用户体验 3 个一级指标。如图 2 – 35 所示，中国建筑学会、中国汽车工程学会、中华医学会等 15 家学会网站在内容建设和技术功能方面均表现优秀，全面领先于其他网站，占比为 7%；中国中西医结合学会、中国海洋工程咨询协会等 16 家学会网站在内容建

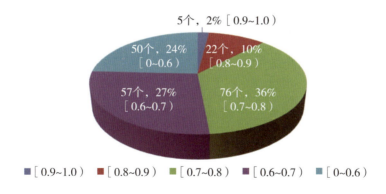

图 2-34 全国学会网站得分总指数分布情况

设方面表现相对较好，占比为 7%，属于内容先进型网站；中华口腔医学会、中国电工技术学会、中国科普作家协会等 69 家学会网站在技术功能方面表现相对较好，占比为 33%，属于技术先进型网站；中国测绘地理信息学会、中国心理学会、中国海洋学会等 60 家学会网站在内容建设和技术功能方面无明显差距，占比为 29%，属于均衡发展型网站。中国国土经济学会、中国现场统计研究会等 12 家学会网站，发展明显落后于其他网站，网站各项建设工作亟待加强。

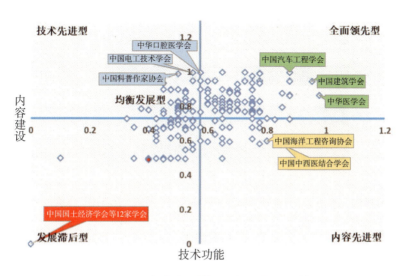

图 2-35 各省级科协网站聚类分析情况

如图 2 - 36 所示，在各一级指标中，在信息公开指标上，医科类学会网站表现情况最好，平均得分指数为 0. 8661；工科类学会网站表现情况次之，平均得分指数为 0. 8314；交叉学科类学会网站最低，为 0. 7571。在线服务指标整体得分情况较低，工科类学会网站在线服务指标得分相对较高，为 0. 5833；交叉学科类学会网站最低，为 0. 3333。在移动应用指标上，医科类学会网站表现情况最好，平均得分指数为 0. 6500；工科类学会网站次之；农科类学会网站最低，为 0. 4375。在网站安全指标上，医科类学会网站表现情况最好，为 0. 9795；工科类学会网站次之；理科类学会网站最低，为 0. 8788。在用户体验指标上，医科类学会网站平均得分指数最高，为 0. 8266；工科和理科类学会网站表现情况一般，交叉学科类学会网站最低，为 0. 6860。互动交流指标表现情况相对较差，医科类学会网站平均得分指数最高，为 0. 1964；交叉学科类学会网站次之；农科类学会网站最低，仅为 0. 0313。

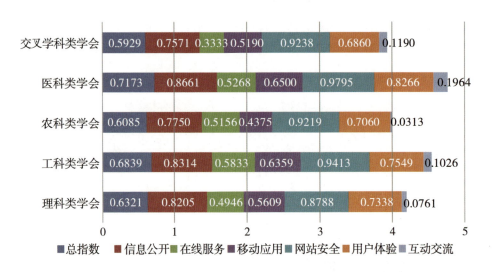

图 2 - 36　全国学会各学科类网站评估指标平均指数情况

评估结果显示，全国学会网站平均得分总指数为 0.6531，不同指标平均得分指数差异较大。如图 2-37 所示，网站安全和信息公开 2 个指标表现情况较好，平均得分指数均在 0.8 以上。用户体验指标表现情况一般，平均得分指数为 0.7423。互动交流指标表现情况最差，平均得分指数仅为 0.1071，拉低了全国学会网站评估的整体水平。

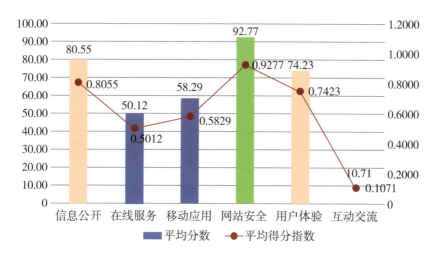

图 2-37　全国学会网站各类指标平均得分及其指数情况

1. 信息公开方面

信息公开指标包括党建工作、工作动态、组织机构、通知公告、科学普及、学术交流、科技智库、财务统计、国际交流、期刊和表彰奖励 11 个二级指标。如图 2-38 所示，工作动态指标表现情况最好，平均得分指数为 0.9429；通知公告指标次之，平均得分指数为 0.9381；党建工作和科技智库 2 个指标表现情况较差，平均得分指数分别为 0.4810 和 0.4238；财务统计指标的表现情况最差，平均得分指数为 0，即全国学会网站均未建立财务统计栏目，成为当前网站评估各项指标中的短板，亟待大幅加强建设。

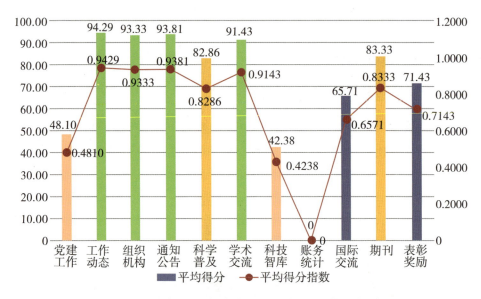

图 2–38 信息公开各类指标平均得分及其指数情况

如图 2–39 所示，评估结果显示，48% 的全国学会网站建立了党建工作栏目；94% 的全国学会网站建立了工作动态栏目；93% 的全国学会网站建立了组织机构栏目；94% 的全国学会网站建立了通知公告栏目；83% 的全国学会网站建立了科学普及栏目；91% 的全国学会网站建立了学术交流栏目；42% 的全国学会网站建立了科技智库栏目；66% 的全国学会网站建立了国际交流栏目；83% 的全国学会网站建立了期刊栏目；71% 的全国学会网站建立了表彰奖励栏目。可见信息公开各类指标的整体建设水平一般，有进一步提升的空间。

2. 在线服务方面

在线服务指标包括项目申报和服务窗口 2 个二级指标，整体表现情况一般。如图 2–40、图 2–41 所示，项目申报指标平均得分指数为 0.5500，64% 的全国学会网站仅提供项目申报信息，未建设项目申报工作平台，23% 的全国学会网站建设了项目申报工作平台，13% 的全国学

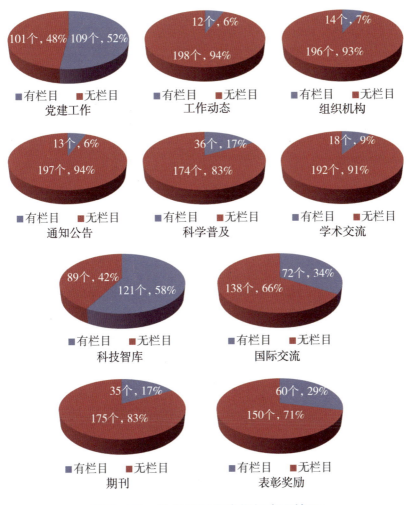

图 2－39　信息公开各类指标表现情况

会网站未建设项目申报工作平台，且未提供项目申报信息。服务窗口指标平均得分指数为 0.4524，超过 50% 的全国学会网站未能提供服务窗口。

在在线服务指标评估中，各学科类学会网站平均得分指数存在较大差距。如表 2－6 所示，工科类学会网站项目申报指标表现情况最好，平均得分指数为 0.6282；医科类学会网站次之，平均得分指数为 0.5892；交叉学科类学会网站表现情况最差，平均得分指数为 0.4523，即超过半数的交叉学科类学会网站未能提供项目申报信息。在服务窗口

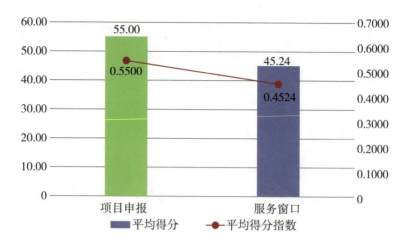

图 2-40　在线服务各类指标平均得分及其指数情况

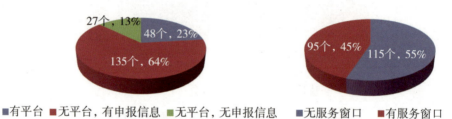

图 2-41　在线服务各类指标表现情况

指标评估中，工科类学会网站服务窗口指标平均得分指数最高，为 0.5384；农科类学会网站次之；交叉学科类学会网站平均得分指数最低，仅为 0.2442，即近 80% 的交叉学科类学会网站未能提供服务窗口，亟待大幅提高在线服务指标建设水平。

表 2-6　各学科类学会网站在线服务指标平均得分指数

指标　　　学会类型	理科	工科	农科	医科	交叉学科
项目申报	0.4891	0.6282	0.5312	0.5892	0.4523
服务窗口	0.5000	0.5384	0.5000	0.4642	0.2442

3. 移动应用方面

移动应用指标包括微信公众号和微博 2 个指标。如图 2 – 42 所示，微信公众号指标平均得分指数为 0.8000，微博指标平均得分指数为 0.2571。如图 2 – 43 所示，156 个全国学会未使用微博发布信息，成为网站评估移动应用指标的短板，对移动应用建设的总体水平影响较大。

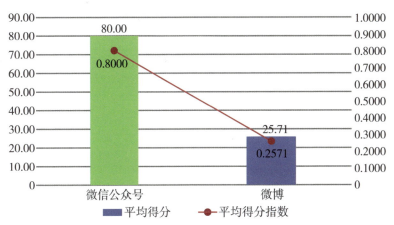

图 2 – 42　移动应用各类指标平均得分及其指数情况

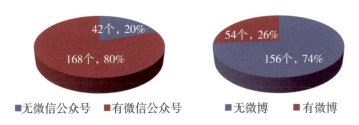

图 2 – 43　微信公众号、微博建设分布情况

在移动应用指标评估中，如表 2 – 7 所示，医科类学会微信公众号指标表现情况最好，89% 以上的医科类学会建立了微信公众号，平均得分指数为 0.8928；工科类学会次之；农科类学会最低，仅为 0.6875，即近 1/3 的农科类学会未建立微信公众号。微博指标整体表现情况较差，医科类学会平均得分指数最高，为 0.2857；工科类学会次之；农

科类学会最低，仅为 0.0625，即 90% 以上的农科类学会未能使用微博发布信息。

表 2-7　各学科类学会移动应用指标平均得分指数

学会类型 指标	理科	工科	农科	医科	交叉学科
微信公众号	0.7608	0.8717	0.6875	0.8928	0.6904
微博	0.2608	0.2820	0.0625	0.2857	0.2619

4. 网站安全方面

网站安全指标包括安全事件和高危漏洞 2 个二级指标，整体表现情况较好。如图 2-44 所示，安全事件指标平均得分指数为 0.9429，高危漏洞指标平均得分指数为 0.9695，说明 90% 以上的全国学会加强了网站防护工作，保证了网站安全运行。

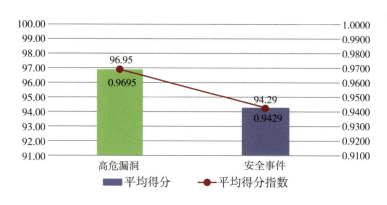

图 2-44　网站安全各类指标平均得分及其指数情况

全国学会在网站安全方面表现突出，平均得分指数为 0.9277。如表 2-8 所示，理科、工科、农科和医科类学会网站均未发生年度重大网络与信息安全事件，平均得分指数为 1.0000；交叉学科类学会网站对安全事件重视程度不高，平均得分指数仅为 0.7142，即近 30% 的交叉学科类学会网站发生了年度重大网络与信息安全事件。高危漏洞方面，各学科类学会网站得分情况差距较小，其中交叉学科类学会网站检测出的高危漏洞最少，平均得分指数为 0.9904；工科类学会网站次之；理科类学会网站检测出的高危漏洞最多，平均得分指数为 0.9304。

表 2 – 8　各学科类学会网站安全指标平均得分指数

指标 ＼ 学会类型	理科	工科	农科	医科	交叉学科
安全事件	1.0000	1.0000	1.0000	1.0000	0.7142
高危漏洞	0.9304	0.9852	0.9687	0.9589	0.9904

如图 2 – 45 所示，评估结果显示，198 个全国学会网站 2019 年未发生过年度重大网络与信息安全事件。高危漏洞指标平均得分指数为 0.9695，共有 18 个全国学会网站检测出高危漏洞。其中，10 个全国学会网站检测出 1 ~ 5 个高危漏洞；4 个全国学会网站检测出 6 ~ 10 个高危漏洞；2 个全国学会网站检测出 11 ~ 15 个高危漏洞；1 个全国学会网站检测出 20 个高危漏洞；1 个全国学会网站检测出 21 个高危漏洞，说明网站安全方面有进一步提升的空间。

5. 用户体验方面

用户体验指标包括首页更新、搜索功能、站点可用性、链接有效性、英文版网站和自适应网站 6 个二级指标。如图 2 – 46 所示，站点可用性指标表现情况最好，平均得分指数为 0.9429；链接有效性指标次之，平

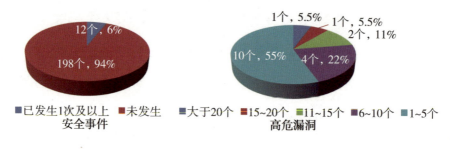

图 2 – 45 网站安全各类指标表现情况

均得分指数为 0.9078；英文版网站和首页更新指标表现情况较差，平均得分指数分别为 0.4095 和 0.3190；自适应网站指标的表现情况最差，平均得分指数仅为 0.2142，即近 80% 的全国学会网站未能建设自适应网站。

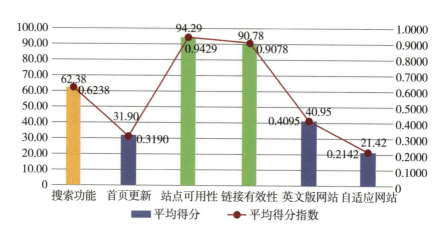

图 2 – 46 用户体验各类指标平均得分及其指数情况

如表 2 – 9 所示，在用户体验指标评估中，医科类学会网站搜索功能指标表现情况最好，平均得分指数为 0.7857；工科类学会网站次之；农科类学会网站表现情况最差，平均得分指数仅为 0.4375，即超过半数的农科类学会网站未能提供搜索功能。全国学会网站在首页更新指标方面得分情况整体较差，医科类学会网站平均得分指数最高，为

0.3750；工科类学会网站次之；交叉学科类学会网站平均得分指数最低，仅为0.2857，说明网站日常更新维护工作有待加强。

医科类学会网站站点可用性指标表现情况最好，平均得分指数为1.0000，即所有医科类学会网站在评估期间均能正常访问；工科类学会网站次之；理科类学会网站平均得分指数最低，为0.9130。医科类学会网站链接有效性指标平均得分指数最高，为0.9576；工科类学会网站次之；理科类学会网站平均得分指数最低，为0.8739，还需进一步提高。

全国学会在英文版网站和自适应网站建设方面得分情况较差。理科类学会英文版网站指标平均得分指数最高，为0.5869；医科类学会英文版网站表现情况次之；交叉学科类学会英文版网站平均得分指数最低，仅为0.2142，即近80%的交叉学科类学会未能建设英文版网站。理科类学会在自适应网站建设方面表现突出，平均得分指数为0.9782；工科、农科、医科和交叉学科类学会自适应网站平均得分指数均为0，即均未建设自适应网站，亟待大幅加强建设。

表2-9　各学科类学会网站用户体验指标平均得分指数

指标＼学会类型	理科	工科	农科	医科	交叉学科
搜索功能	0.5869	0.6923	0.4375	0.7857	0.5000
首页更新	0.2989	0.3301	0.3125	0.3750	0.2857
站点可用性	0.9130	0.9487	0.9375	1.0000	0.9285
链接有效性	0.8739	0.9179	0.8950	0.9576	0.8976
英文版网站	0.5869	0.3461	0.4375	0.5714	0.2142
自适应网站	0.9782	0	0	0	0

评估结果如图 2 – 47 所示，62% 的全国学会网站提供了搜索功能；在可访问的全国学会网站中，首页 2 日内更新的数量占 5%，3 日内更新的数量占 25%，4 日及以上更新的数量占 70%，说明全国学会网站首页均未达到每日更新；94% 的全国学会网站能够正常访问；可访问的全国学会网站中，83% 的全国学会网站未发现错断链情况；41% 的全国学会网站建设了英文版网站；21% 的全国学会网站建设了自适应网站。

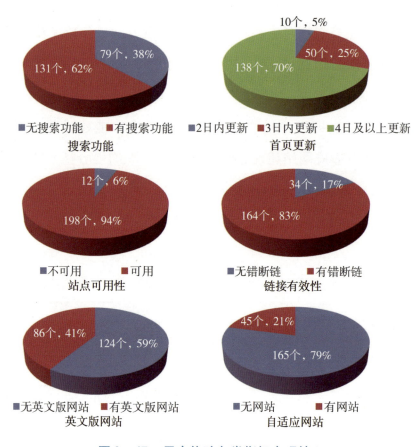

图 2 – 47　用户体验各类指标表现情况

6. 互动交流方面

互动交流指标包括网上调查或意见征集和投诉信箱 2 个指标。在网站评估指标中，互动交流指标得分情况最差。如图 2 – 48 所示，全国学会网站网上调查或意见征集指标平均得分指数为 0.1810，投诉信箱指标平均得分指数仅为 0.0333，即近 90% 的全国学会网站未能与网民积极互动，需要不断提高互动频率，增强互动效果。

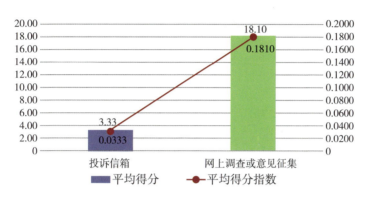

图 2 – 48 互动交流各类指标平均得分及其指数情况

如表 2 – 10 所示，医科类学会网站网上调查或意见征集指标平均得分指数最高，为 0.2857；交叉学科类学会网站次之；农科类学会网站平均得分指数最低，为 0.6250，说明大部分全国学会网站未能开展网上调查或意见征集活动。医科类学会网站投诉信箱指标表现情况最好，平均得分指数为 0.1071；工科类学会网站次之；农科类学会网站投诉信箱指标平均得分指数为 0，即农科类学会网站均未提供投诉信箱。

80% 以上的全国学会对互动交流指标重视程度不够，172 家全国学会未能开展网上调查或意见征集活动，互动交流指标成为全国学会网站建设的短板，对全国学会网站建设的整体情况影响较大，亟待大幅提升互动交流效果。

表 2 - 10　各学科类学会网站互动交流指标平均得分指数

学会类型 指标	理科	工科	农科	医科	交叉学科
网上调查或意见征集	0.1304	0.1794	0.0625	0.2857	0.2142
投诉信箱	0.0217	0.0256	0	0.1071	0.0238

五、问题及建议

(一) 主要问题

1. 信息公开的覆盖度和规范性有待提升

评估结果显示，全国学会、省级科协网站虽然加大了对信息公开覆盖度以及信息公开规范性的保障，但信息公开的覆盖度仍存在明显短板。一方面，无论是全国学会还是省级科协网站，科技智库和财务统计栏目的信息公开平均得分指数普遍低于其他指标，说明这两项内容是各类网站信息公开的短板；另一方面，部分省级科协网站未能建立国际交流和表彰奖励栏目，超过半数的全国学会网站未能建立党建工作栏目。

此外，在已经建立相关栏目的网站中亦存在栏目更新不及时，或栏目内容与栏目标题不符的情况，信息公开的规范性有待进一步提升。出现这种问题的原因，一方面是缺乏对信息公开内容的梳理，另一方面是网站管理建设部门与业务部门缺乏有效的沟通协调机制。

2. 在线办事的整合度和实用性仍需提高

当前，多数全国学会、省级科协网站建设了网上服务频道，但网站服务资源的整合度较低，服务实用性不高，不能满足用户的服务需求。其一，因为相关服务资源分散在各业务部门，项目申报工作平台和项目申报信息整合难度较大；其二，因为多数单位还未建立一体化的在线服务窗口；其三，因为网站管理部门对相关部门、单位的协调力度不够。具体表现为：一是网站提供的服务内容不够丰富，质量不高，部分网站在线办事有栏目无内容或者内容较少的现象比较突出；二是办事服务质量较低，无法满足用户的基本办事需求；三是相当一部分网站服务资源分散，缺乏整合，同一业务主题的服务资源分散在不同栏目下，给用户办事带来不便，从而降低了网站在线办事的服务效果。

3. 公众参与的互动效果有待加强

评估结果显示，多数全国学会和省级科协网站未能建立投诉信箱、网上调查或意见征集等互动栏目，互动效果大打折扣。另外，在已经开设的栏目中，一是无法实现在线提交功能；二是网站对政务咨询的用户回复率不高；三是多数网站未能围绕本单位工作重点和公众关注热点开展调查征集，或者在网站上未能对征集反馈情况和统计分析进行公开。

网站公众互动的渠道尚未充分发挥对提高科学决策、民主决策的作用。网站咨询投诉回复不够及时；重要政策法规在颁布前没有利用网站调查或意见征集；没有充分发挥网站这一政策宣传阵地的作用；与公众访谈交流没有制度化。从整体来看，网站的公众参与机制尚未形成，互动效果不佳，活动内容不够丰富，与各业务部门工作联系较少，在一定程度上影响了公众参与的积极性。

4. 互联网新技术应用较为薄弱

当前，全国学会、省级科协网站在自适应网站、微信公众号、微博、搜索功能等互联网新技术的应用方面仍然比较薄弱。其一，241 家单位网站仅有 56 家网站提供自适应网站功能，42 家单位网站未开通微信公众号；其二，未开通政务微博的单位数量有 180 家，且更新情况不容乐观；其三，仍有81家单位网站未能提供搜索功能，在可用性和易用性方面仍存在诸多问题。

随着互联网新技术的快速发展，移动互联网将成为网站的发展趋势，越来越多的用户选择通过移动终端访问全国学会、省级科协网站，这对全国学会、省级科协网站的建设提出了更高的要求。然而，目前大部分网站不能够满足这种要求，从时间和空间上来看，这对科普宣传和便捷服务有一定的限制。绝大多数单位虽然建立了微信公众号，但是仍存在内容更新不及时和功能应用较为单一的情况，大大影响了互联网新技术应用在网站建设中的作用。

5. 网站安全保障底线不容突破

根据评估结果，全国学会、省级科协网站仍需加大对安全保障工作的重视程度，尤其是全国学会网站存在重大网络和信息安全事件隐患。28家网站仍在不同程度上存在不同级别的 Web 类、信息收集类等高危漏洞，需要进一步采取系统加固、漏洞修复处理、更新漏洞库等方式进行有针对性的安全加固。

网站的安全问题受到了各级领导和社会各界的广泛关注，目前部分网站安全措施不到位，埋下了安全隐患。这就要求各网站主管单位要做好日常安全巡检工作，及时发现并修补系统安全隐患，加固系统安全配置，降低信息安全事件发生概率。同时不断加强值班值守，加快应急响应速度，及时发现信息安全事件，并进行妥善处置，从而避免重大网络和信息安全事件发生，严守网站安全防护底线不被突破。

（二）发展建议

1. 规范信息公开制度，提高网站内容丰富度

全国学会、省级科协要加强网站的顶层设计，进一步完善信息公开

内容保障长效机制，落实信息发布平台内容保障责任分工，安排专人负责平台的内容保障工作，促进各单位共同办站机制的建设。参考《政府信息公开条例》的框架，按照中国科协网站管理的相关规范，结合实际情况，制定出台本单位信息公开制度规范，明确对本单位信息公开的相关要求。

一是明确信息公开主体和公开内容范围；二是明确信息公开方式，建立制度化的公开程序；三是形成信息公开的监督管理制度，加大推进信息公开的保障力度。同时应当建立健全信息公开工作考核制度和责任追究制度，定期对信息公开工作进行考核、评议，逐步建立网站信息资源管理的规范标准。在网站评估过程中，发现存在信息公开内容参差不齐，各个网站对于同一栏目公开的内容各不相同，信息公开不到位、资源不全面、内容不准确等，这些问题直接影响了信息公开水平。各单位需逐步建立网站信息资源管理的规范标准，为每一个栏目的发布内容设置一定的标准，统一规范公开内容，从而形成统一的信息公开内容体系，不断提高网站内容的丰富度和规范性。

2. 加强服务整合，提高网站服务水平

全国学会、省级科协网站的服务资源非常丰富，其中绝大多数都来自各个业务部门，但是服务缺失、服务不准确、服务不可用、服务不规范等现象普遍存在，从这个角度来看，服务的覆盖度、可用性、准确性、实用性、易用性仍有进一步提升的空间。网站应根据各类信息和服务资源要素的特点，制定服务规范，提升服务质量，大力开展应用系统和服务窗口整合，促进服务实用化。

除此之外，网站服务尚不能较全面地覆盖主要项目申报工作和在线应用系统，缺少按用户的需求提供和整合服务资源的功能。所以，网站

在线服务的质量有待提高，应加紧实现"一站式"、一体化服务的理念，以用户为中心，按照不同用户的需求分类整合服务资源，深入研究和整合各类服务应用系统和项目申报信息，力争做到让公众"找得到、看得懂、用得好、办得通"，满足公众相关办事服务的需求。

3. 健全互动渠道，增强互动交流效果

不断提升全国学会、省级科协网站互动效果，意识是前提、渠道是关键。一方面，各单位要重视网站公众参与功能的积极作用。通过网站深入了解社会公众的需求，加强双方沟通交流。另一方面，应健全互动渠道、完善互动功能。网站应该建立起多样化的公众参与渠道，不断完善渠道功能，为社会公众提供简单易用、功能强大的全方面服务通道。

建立健全互动机制是不断提升全国学会、省级科协网站互动效果的支撑。网站互动效果的提升，不仅表现在公众参与数量的增加，更表现在各部门对于公众咨询投诉的反馈效率和质量的提高。所以，要建立完善的互动机制，应明确落实各级部门作为互动交流责任主体的职责，加强对责任主体的监督问责，督促各业务部门积极参与网站互动。同时，为增强互动交流的效果，内容主题的设计是重要环节。网站应当紧密围绕业务工作重点，深入挖掘科协系统各方面和社会公众相关的热点、焦点问题，丰富互动交流活动的内涵，增加互动交流活动吸引力和公众参与积极性。同时，倡导各网站建立有效的征集调查工作机制，做好活动组织工作。

4. 加大互联网新技术应用，助推用户体验升级

互联网技术发展日新月异，用户对互联网的依赖程度越来越高，对全国学会、省级科协网站提出了更高的需求。网站若停留在原有的技术水平上，或在信息化的进程中发展缓慢，则不利于工作的开展和服务能

力的提升。网站应及时采纳新的互联网技术，满足公众的要求。各单位应积极探索利用网站自适应技术，不断完善优化微博、微信公众号等新媒体平台，及时发布各类权威信息，尤其是涉及公众重大关切的公共事件和政策法规方面的信息，能够充分利用新媒体的互动功能，及时地与公众进行互动交流。

全国学会、省级科协网站通过新媒体平台及时发布信息，不仅让信息透明化，还让各单位与新媒体紧密结合，为信息发布打开新的思路。因此，各单位要根据自身实际情况提供网站自适应功能，开通政务微博和微信公众号，同时建立内容发布和回复机制，及时发布和回复公众关注度较高的政务信息，多渠道引导社会舆论，加强政民互动。另外，随着搜索技术的不断发展与创新，全国学会、省级科协应着力提升网站搜索功能的易用性，如提供检索结果分类展示，搜索及服务等应用功能，这将会大大提升全国学会、省级科协网站使用的便捷性、实用性和用户体验，实现"搜索接入更便捷、结果呈现更多样、应用功能更丰富、用户体验更人性"的目标。

5. 加强网站日常维护，落实保障责任

加强网站的日常维护，是提高网站服务水平的基本要求。以提高信息公开的规范性和及时性、确保在线服务的有效性和实用性、提升互动交流效果等为重点，全国学会、省级科协应建立健全网站的日常维护机制，确保网站内容维护工作落到实处。并不断加大网站日常监测的工作力度，督促各部门完善保障机制、落实保障责任。通过健全运行监管体系、改进监管方法，不仅能够提高网站日常监管的科学性、有效性，还能够提高各单位对网站日常维护的重视程度，形成网站科学合理的运行维护机制。

另外，全国学会、省级科协网站应加强网站安全建设，提升网站硬件安全、网络安全、系统安全以及信息安全的保障水平。一是做好日常安全巡检工作，及时发现、修补系统安全隐患，加固系统安全配置，降低信息安全事件发生概率。二是加强值班值守和应急响应机制，及时发现信息安全事件，并进行妥善处置，以实现年度无重大网络和信息安全事件发生的目标。三是建立应急预案及应急演练机制，对于突发事件处置做到井然有序，联合管理部门、技术部门和相关支撑单位组成应急保障技术支撑队伍。

六、典型案例

（一）信息公开方面

1. 河南省科协网站

河南省科协网站（如图 2 – 49、图 2 – 50 所示）能够主动发布党建工作、工作动态、组织机构、通知公告、科学普及、学术交流和科技智库等方面信息，内容较为丰富，更新较为及时，方便社会公众查阅和监督。其中组织建设栏目能够按照市县、高校和企业科协进行分类，为广大会员和科技工作者查阅信息提供了便利。经过多年建设，信息公开及时性、全面性、规范性得到全面提升，网站栏目数量不断丰富，信息公开整体水平处于省级科协优秀网站前列。

2. 中国金属学会网站

中国金属学会网站（如图 2 – 51 所示）结合工作重点，不仅主动公开了党建工作、工作动态、组织机构、通知公告、科学普及、学术交流和科技智库等一系列信息，还提供了冶金科技奖、工程教育认证、产学研服务和材料联合体等专项服务信息，内容较为丰富，对发布的信息和数据进行科学分类、及时更新，便于公众查阅和浏览，不断提升网站

图 2 –49　河南省科协网站科学普及栏目

图 2 –50　河南省科协网站组织建设栏目

的信息公开能力。

图 2 – 51   中国金属学会网站

3. 中国城市规划学会网站

中国城市规划学会网站（如图 2 – 52 所示）主动发布了党建工作、工作动态、组织机构、通知公告、科学普及和学术交流等信息，并整合了会议论文、学会咨询、会议 PPT、会议报告和规划机构等资源，方便用户查阅和使用。同时，供会议专题、品牌活动专题、城市推荐、规划周刊和资讯专题，内容涵盖文件专题图片、主题演讲和领导讲话等，信息公开水平不断提升。

（二）在线服务方面

1. 湖北省科协网站

湖北省科协网上办事服务大厅网站（如图 2 – 53 所示）集学术交流、科技创新和专家项目于一体，较好地促进了国内外创新资源共享，极大地推进了大众创业、万众创新服务平台建设。用户可在此平台进行

图 2 - 52　中国城市规划学会网站

学术学会活动资助、科普示范以及党建强会工程等项目的申报工作。服务平台还开设了通知公告栏目，详细介绍了各类工程的申报流程信息，方便用户查看和使用。

图 2 - 53　湖北省科协网上办事服务大厅网站

2. 中国汽车工程学会网站

中国汽车工程学会网站（如图 2 - 54 所示）项目申报工作平台建设情况较好，整合了平台介绍、主要业务、资源库、平台动态、成员单位以及申请书下载等栏目，便于公众寻找信息，拓展了网站项目申报渠道，提高了服务水平。中国汽车工程项目申报工作效率逐年得到提升，已经形成了长期开展的工作机制。

图 2 - 54　中国汽车工程学会网站汽车科技资源共享平台

中国汽车工程学会网站建设了会员服务窗口，如图 2 - 55 所示，公开了入会申请条件、会员管理和服务、会员申请办法、会员会费标准和管理、缴费方式以及团体会员名单等方面内容，同时提供了会员中心联系人的联系电话和邮箱，为公众与中国汽车工程学会的沟通交流提供了便利。

3. 中华医学会网站

中华医学会网站（如图 2 - 56 - 1、图 2 - 56 - 2 所示）的在线服务方面表现较为突出，提供了学术会议、期刊与图书、继续教育 - 全继办、继续教育 - 会级、中华医学科技奖和会员与专科分会等内容，分类

图 2 – 55　中国汽车工程学会网站会员服务窗口

科学准确，详细介绍了网上申报流程，建立了项目申报通知栏目，提供会议投稿入口，为社会公众与中华医学会之间的交流互动提供渠道，方便了会员和广大医学工作者查询并申报项目。

图 2 – 56 – 1　中华医学会网站在线服务栏目

图2-56-2 中华医学会网站在线服务栏目

(三) 移动应用方面

1. 重庆市科协

重庆市科协(如图2-57所示)开通了微信公众号,为公众提供科协动态、学会学术、科学普及以及人才服务等栏目,及时发布科协动态,推送政务服务,回应社会关切。此外,利用微博发布科协信息,更新较为及时,内容较为丰富,拓展了科协信息传播渠道,方便社会公众查阅和浏览。

2. 中国计算机学会

中国计算机学会(如图2-58所示)开通了微信公众号,提供会员、CCF(中国计算机学会)数字图书馆和CCF聚焦等方面信息。以CCF数字图书馆为例,微信公众号整合了CCCF(《中国计算机学会通

图 2 – 57　重庆市科协微信公众号及微博

讯》)、期刊、会议、图书、讲稿、音视频、专题和图集等信息，内容更新较为及时，方便社会公众查阅和浏览。此外，中国计算机学会使用微博发布信息（如图 2 – 59 所示），进一步拓展了中国计算机学会的信息传播渠道，促进了中国计算机领域的创新与发展。

3. 中国建筑学会

中国建筑学会微信公众号，如图 2 – 60 所示，提供学术年会、会员之家和走进学会栏目，发布新闻动态、学术交流、对外交往、科技服务、表彰奖励和建筑教育等信息，内容更新及时准确，为社会公众和科技工作者获取信息提供了便利。此外，中国建筑学会利用微博发布信息，如图 2 – 61 所示，将优质资源通过移动终端进行广泛传播，提高了信息和服务的送达率。

图 2 – 58　中国计算机学会微信公众号

图 2 – 59　中国计算机学会官方微博

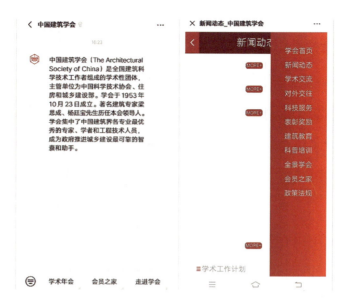

图 2 - 60　中国建筑学会微信公众号

图 2 - 61　中国建筑学会官方微博

（四）用户体验方面

1. 北京市科协网站

北京市科协网站提供站内搜索功能，并且搜索结果较为精准，用户能准确搜索到相关信息。首页更新情况较好，能达到每日有更新。北京市科协还建设了英文版网站，如图2-62所示，栏目框架清晰，内容准确，有利于国外科技工作者查阅和浏览信息，从而促进国内外科技创新的交流与发展。此外，北京市科协有网站移动自适版，如图2-63所示，网站内容可以在移动设备上完美呈现，方便用户阅读。

图2-62　北京市科协英文版网站

2. 中国实验动物学会网站

中国实验动物学会网站搜索效果较为突出，输入关键词能够搜索到相关信息。同时，该网站推出了英文版网站，如图2-64所示，能够做到及时发布信息、推出服务，为国外用户了解、获取信息提供便利。中国实验动物学会建设了网站移动自适版，如图2-65所示，使网站在移动端展示的页面更加清晰，公众访问网站更加方便快捷。

图 2 - 63　北京市科协网站移动自适版

图 2 - 64　中国实验动物学会英文版网站

图 2 – 65　中国实验动物学会网站移动自适版

3. 中国纺织工程学会网站

中国纺织工程学会网站推出了英文版网站，如图 2 – 66 所示，做到及时发布党建工作、工作动态、组织机构、通知公告和科学普及等栏目的信息，并提供项目申报平台，为国外用户了解、获取信息提供便利，从而促进国内科技工作者与国外科技专家的互动交流。同时，网站移动自适版（如图 2 – 67 所示）展示的页面更加清晰，可适用多种移动客户端，促进了中国纺织工程学会的传播与发展。

About CTES

China Textile Engineering Society (CTES) was established in April 1930, is the earliest social organization of textile science and technology workers. CTES is a non-profit, but also a national, academic, scientific social organization as Legal person. The Ministry of Civil Affairs of the People's Republic of China is the registration authority of CTES. CTES is under the supervision and administration of China Association for Science and Technology.

CTES has 18 professional committees, two working committees and 10 offices. It has more than 5 million individual members, 216 group members, who come from the textile science research, technology development, management and other related personnel and related enterprises, institutions and academic groups. The latest 25th Council, Mr. Sun Ruizhe served as the president.

"Journal of Textile Research" (monthly) is an official publication of CTES. "Journal of Textile Research" is one of the most important academic and technically authoritative publications in the Chinese textile circle, it has been included in Ei Compendex and the American journal "Chemical Abstract".

图2－66　中国纺织工程学会英文版网站

× …

通知|征集第37届"唯尔佳"优秀新产品样品

毛纺织专委会　中国纺织工程学会　2018-04-19

点击关注我们

各毛纺织企（事）业单位、纺织高等院校、科研院所：

"唯尔佳"优秀新产品评选是全国毛纺年会的一项重要内容，连续36届的"唯尔佳"优秀新产品评选，推出了众多优秀的毛纺新产品，引领了毛纺产品的流行趋势，获得了广大毛纺织企业的认可及好评。由中国纺织工程学会毛纺织专业委员会、《毛纺科技》杂志社主办，江苏丹毛纺织股份有限公司协办的第37届"唯尔佳"优秀新产品评选样品征集活动已经开始。"唯尔佳"优秀新产品颁奖大会将与第37届全国毛纺年会同期召开，具体时间及地点另行通知。现将相关事项通知如下：

产品分类

企业产品：精纺织物（含精纺装饰物）、粗纺织物（含毛毯、粗纺装饰物）、针织织物。
学生作品：创意型面料（含手工制作面料、面料再造产品）、机织或针织小样机设计纹样等。

送样日期

图2－67　中国纺织工程学会网站移动自适版

（五）互动交流方面

1. 甘肃省科协网站

如图 2-68、图 2-69 所示，甘肃省科协开通了问卷调查栏目，实现了在线投票功能，并公开了公众投票结果。网站还提供了投诉信箱，现已成为甘肃省科协与民众交流互通的重要渠道，不仅拉近了甘肃省科协与公众的距离，充分调动了公众参与学术交流活动的积极性，也为甘肃省科协自身架起了更好倾听公众心声的桥梁。

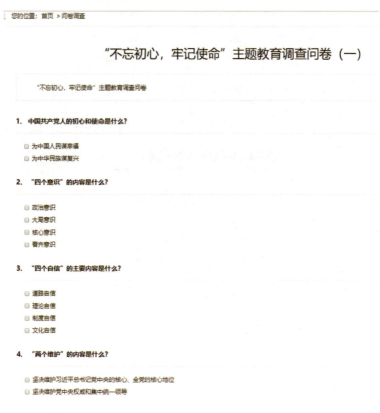

图 2-68　甘肃省科协问卷调查栏目

2. 中国康复医学会网站

如图 2-70、图 2-71 所示，中国康复医学会开通了在线调查栏

"不忘初心，牢记使命"主题教育调查问卷（一）

图 2-69　甘肃省科协问卷调查活动公众投票结果

目，可在线投票，并提供了投诉信箱。这不仅拉近了中国康复医学会与公众的距离，还调动了公众参与学术交流活动的积极性，进而提高了学会科技创新方面的公众参与度，为听取民意、了解民愿、汇聚民智、回应民声提供了平台支撑。

图 2-70　中国康复医学会在线调查栏目

图 2 – 71　中国康复医学会在线调查活动投票结果

第三章　中国科协网络舆情分析指标体系

一、背景与意义

随着互联网的迅猛发展，网络媒体作为一种新的信息传播形式已经渗入人民生活的方方面面。网友言论活跃度已达到前所未有的高度，越来越多的人通过网络来表达观点、传播思想、提出利益诉求。互联网已成为思想文化的集散地和社会舆论的放大器。由于互联网特有的开放性和自由性，广大网民积极利用网络平台发表对社会热点问题的看法，网络舆情就此产生。通过网络舆情，有关部门可以及时了解社会动态、人民心声，能更好地联系政府、社会和人民，对社会稳定和国家发展有着极其重要的现实意义。

（一）编制背景

1. 决策层对科技网络舆情及其治理日益重视

2016 年国务院办公厅在《关于在政务公开工作中进一步做好政务舆情回应的通知》中指出：对涉及地方的政务舆情，涉事责任部门是第一责任主体，本级政府办公厅（室）会同宣传部门做好组织协调工作。这是"舆情回应"首次正式出现在中央文件的标题中，具有重大的政策指导意义。

经调查，引发不实新闻和酿成舆情事件的重要原因就是信息不对称，以及权威部门回应不及时，导致公众受各类信息的影响，对不实信息产生了主观倾向和猜测。网络舆情发展的特性与传统舆情的传播理念与方式存在鲜明对比，网络舆情更多呈现负面情绪，更能引起网民的兴奋和关注，且往往真相还未公布，谣言已在路上，真相与谣言难以区分。因此，中国科协准确把握互联网时代科技网络舆情的主要特征，对科技界的网络舆情展开深入分析，对政府做好舆情引导工作意义重大。

2. 多元媒体下科技网络舆情的健康引导需求不断显现

2017 年 10 月 18 日，在中国共产党第十九次全国代表大会上，习近平总书记做重要报告，其中 8 次提到互联网相关内容、25 次提到网络信息相关内容，指出了我国互联网建设管理在过去 5 年取得的历史成就，强调了互联网在未来将发挥更大的作用。互联网的发展也为科技信息的传播提供了新的方式，故产生了"科技网络舆情"这一概念。微博、论坛、社区、微信以及各种新闻客户端等都成为大众针对科技新闻与事件发表观点和表明立场的平台。科技网络舆情平台既能真实地反映社会各个层面的科技舆情态势，也可能成为一些网民故意炒作、散布谣言的工具，因此对科技网络舆情的监测和分析迫在眉睫，而完成这个任务的第一步便是建立完善的科技网络舆情分析指标体系。

新时代下，我国社会主要矛盾发生了新变化，面对价值多元、利益多元的新形势，主流媒体一要为社会公共议题的理性认知提供有效的议程设置、话语框架、观点表达、案例解析，成为网上正面舆情的引领者。二要更好发挥媒体桥梁纽带作用，促进各类群体之间的沟通对话，积极回应网民关切、解疑释惑，让凝心聚力的正能量充盈网络空间，不断为网络舆情生态提供源头活水。三要大力推进新旧媒体深度融合，让传统媒体内容优势与新兴媒体传播优势融为一体，并以创新表达赢得受众的认可。近年来，很多部门不断尝试利用新媒体与公众进行互动以引导舆情发展方向。本书提出的科技网络舆情分析指标体系对科技网络舆情的热点内容与传播路径展开了深入的分析，这有利于科技网络舆情工作的开展。

3. 科技网络舆情管理机制完善的现实要求更加迫切

2016 年 4 月 19 日，习近平总书记主持召开网络安全和信息化工作座谈会并发表重要讲话，他特别指出："网络空间是亿万民众共同的精神家园。网络空间天朗气清、生态良好，符合人民利益。网络空间乌烟瘴气、生态恶化，不符合人民利益。"他还强调要"建设网络良好生态，发挥网络引导舆论、反映民意的作用"。为推进新时代网络舆情管理指明了正确方向、提供了根本遵循。

互联网、微博、微信和聚合新闻客户端成为社会舆情生成发酵的主力平台，与此同时，基于网络事件引发的公共舆情事件也日渐成为常态。相较于社会事件引发的舆情事件，科技网络舆情的方式也正发生根本变化，传统的舆情监测和反馈机制已跟不上瞬间引爆的"全民话题"，管理部门所习惯的事情发酵一段时间再通过主流媒体进行舆情引导的方法屡屡跟不上网络传播的速度。因此，通过分析科技网络舆情的主要特征和舆情传播的主要方式，提出政府部门应对科技网络舆情事件的管理策略，对破解从单一的视角无法很好解决话语权失衡的舆情引导难题具有重要意义。

科技网络舆情部门要及时收集公众对科技新闻或事件的意见和建议，并及时反馈公众的思想动态；也要管理好网评员队伍，充分发挥互联网在社会主义文化建设中的作用。

不断尝试利用新媒体进行沟通互动以引导舆情。比如设立领导与民众互动专区，邀请领导与公众在线交流，可以及时回应不实传言和网络谣言。再比如利用新媒体设立疑问解答频道，可以与公众实时沟通，同时针对有倾向性的问题可以通过舆情监测来正确引导公众。本书的研究目的即是在研究现有网络舆情分析指标体系的基础之上，设立多方面、可量化的指标，结合相关理论与研究方法确立权重，凸显科技网络舆情的特征及特点，最后得出公正客观并且能够精准分析科技网络舆情的指标体系，帮助权威部门做好科技网络舆情管控工作。

科技管理部门要充分发挥新媒体作用，有针对性地改进科技网络舆情引导的方式和做法，以公众满意度和传播效果为最终目标，积极稳妥、有序实施指标体系建设。从新时代科技网络舆情的特点出发，准确把握其传播规律和特征，充分发挥科技部门对社会舆情导向的主导作用，探索舆情引导的新方式方法，加大对科技网络舆情的管理。

（二）编制意义

1. 理论意义

目前关于网络舆情的研究，已经积累了一些有价值的成果。从相关文献上看，我国学者在 2003 年开始对舆情进行理论研究，而针对网络舆情的研究则在 2005 年后才展开。由于舆情研究的领域存在交叉，既有社会科学层面，又有自然科学层面，因此较复杂。本书通过梳理相关舆情分析指标，主要建立科技领域的网络舆情分析指标体系，时时关注科技在社会中的传播与影响。科技网络舆情分析指标体系研究以科技人员和机构为分析对象，以科技事件与热点为分析内容，精准把握科技特点，有针对性地对科技类网络舆情展开深入分析，为做好科技网络舆情的正面引导工作打下坚实基础。因此，从某种程度上来看，科技网络舆情分析指标体系研究，对网络舆情的理论发展具有重要意义。

2. 实践意义

随着互联网技术的不断深入发展，科技网络舆情分析指标对把握舆情动向，促进社会发展、政治建设和思想文化建设具有重要意义。

（1）有利于监控网络舆情主体间的博弈，强化科技部门领导力

网络舆情是以互联网为基础，以政府、网民和媒体作为主要参与者，针对社会热点事件和突发事件所发表的意见和言论。网民依据各自的价值观和想法，通过网络媒体发表自己的意见。而随着自媒体的发展，利益趋同和见解相近的网民群体会迅速产生强大的网络舆情。如果这部分舆情反映出来的本质得不到科技政府部门的重视，得不到有效的疏解，就有可能发酵成更大的事件。在整个博弈过程中如果无法准确把握网络上的民意，那么科技部门作为科技网络舆情的主要管理者无疑将处于被动地位。

（2）有利于强化科技网络舆情分析，建立健全沟通渠道

近年来，很多权威部门不断尝试利用新媒体与公众进行互动以引导舆情发展方向，但这种沟通方式缺乏及时性与针对性。本书提出的科技网络舆情分析指标对科技网络舆情的热点内容与传播路径展开了深入的分析，有利于权威部门开展网络舆情工作。

（3）有利于帮助权威部门释放官方信息，澄清网络不实科技信息

引发不实新闻和酿成舆情事件的重要原因就是信息不对称，以及权威部门回应不及时，导致公众对不实信息产生主观倾向和猜测。本书所提出的科技网络舆情分析指标体系有利于帮助权威部门释放官方信息，对网络环境中的科技类不实信息及时做出回应，从而控制科技网络舆情发酵，稳定公众情绪。

二、理论与实践基础

随着互联网的迅速发展，互联网已经成为人们传播和获取各种信息的主要手段，尤其是近几年来移动网民数量大规模增长，网络必然成为人们生活中重要的一部分，相应地，舆情的主要阵地也逐渐转移到了互联网上。而网络媒体作为一种新的信息传播形式，已深入人们的日常生活，各类网民通过网络来表达观点、传播思想，特别是有些热门话题形成了巨大的舆论力量，已经达到了让任何部门和机构都无法忽视的地步。科技部门对网络舆情进行必要的监测，可以对这股力量进行有效的控制和引导。为更好地建立科技网络舆情分析指标体系，本书查找和收集了一些与网络舆情相关的内容，包括网络舆情理论研究、网络舆情技术研究和网络舆情应用研究，下面我们将对这些内容进行整理和分析。

（一）网络舆情理论研究

1. 网络舆情的概念

网络舆情与舆情关联性很大，所以很多研究者先界定了舆情的基本概念。对舆情概念的认识有狭义和广义之分：狭义上认为舆情是指在一定的社会空间内，围绕中介性社会事项的发生、发展和变化，作为主体的民众对作为客体的国家管理者产生和持有的社会政治态度。广义上认为舆情是指国家管理者在决策活动中所必然涉及的，关乎民众利益的民众生活（民情）、社会生产（民力）、民众中蕴含的知识和智力（民智）等社会客观情况，以及民众在认知、情感和意志的基础上，对社会客观情况及国家决策产生的主观社会政治态度（民意）。简而言之，广义的舆情就是指民众的全部生活状况、社会环境和民众的主观意愿，也就是通常所说的"社情民意"。通过比较狭义和广义舆情概念，可见作为民众"社会政治态度"的狭义舆情是作为"社情民意"的广义舆情的一个重要组成部分。

刘毅在《网络舆情研究概论》中给出了"舆情"的界定：舆情是由个人以及社会群体构成的公众，在一定历史阶段和社会空间内，对自己关心或自身利益密切相关的各种公共事务所持有的多种情绪、意愿、态度和意见交错的总和。他在给出"网络舆情"界定之前还区别了"舆情信息"这一概念，这里不做赘述。他认为"网络舆情"是指通过互联网表达和传播的各种不同情绪、态度和意见交错的总和。他还分析了舆情、舆论、民意三个概念，认为舆情范围最大，民意范围最窄。

由以上可见，舆情是社会民情及对其舆论的总和，而网络舆情即是在互联网世界里，通过常用的互联网交流渠道，如论坛、微博、微信、贴吧等对日常社会民情发表观点及态度的一种网络形式。华中科技大学曾润喜博士曾对网络舆情这样定义：网络舆情是由各种事件的刺激而产生，通过互联网而传播的人们对于该事件的所有认知、态度、情感和行为倾向的集合。

2. 网络舆情的特点

随着互联网的日益普及，网络舆情对社会舆情的影响越来越大，并与传统媒体舆情互动融合，在社会舆情格局中日渐形成主导地位。了解网络舆情的特点，及时有效地做好网络舆情研判，是正确开展网络舆情引导的前提。经过整理分析，发现网络舆情具有以下特点。

（1）传播爆炸性

网络舆情传播是指相关舆情信息在网络空间由点到面、由散到聚、由冷到热传播的过程，也就是舆情信息随着时间而发生的一种动态变化过程。与传统媒体的舆情传播线性路径和圈层式受众覆盖不同，网络舆情传播呈现的是非线性的散播路径和交叉、重复、叠加式传播覆盖，具有传播爆炸性的特点。这就好像在网络空间中存在的一个个舆情信息"地雷"或"炸弹"，在一定条件下被触发后，其信息传播能量瞬间得到释放，使得相关信息及其评论在网络空间中快速生成，并产生巨大的传播影响。

在网络舆情传播爆炸的过程中，相关部门可以通过网民参与性的信息和意见传播活动，使相关舆情持续升温，发生连续性爆炸效应，不断增强舆情传播的影响力。网络舆情传播爆炸性的特点通常缺乏一定的征兆，使人们对其预警和干预都比传统媒体的舆情更加困难，当事者往往是在毫无准备的情况下遭遇舆情压力和舆情困境的。

（2）主体隐蔽性

网络舆情传播主体与传统媒体的传播主体明显不同，网络传播主体是模糊的，既可以明确，也可以不明确，主体隐蔽性成为网络舆情传播之快的重要因素。匿名传播作为网络传播技术平台提供的一种手段，得到广大网民的高度支持，因为其可以摆脱现实社会关系下的压力，使人们的精神得到一种自由的释放。但是，这种自由释放也使个体的网络言论和传播行为与所要承担的社会责任相脱离，在各种不良动机支配下会造成诸多社会问题和消极影响。

可以说，网络匿名传播是一把"双刃剑"，一方面，既可以成为社会个体自由表达和压力释放的途径；另一方面，也为持有各种不良诉求的人提供了传播工具，为人为制造网络舆情提供了条件。传播主体的隐蔽性不仅使网络舆情本身发展趋势呈现出多变性、极端性和不确定性，而且使人们对于网络舆情的研判常常处于不确定状态，难以分辨哪些是网民客观性的诉求，哪些是网络推手策划的少数利益群体的诉求。

（3）信源模糊性

网络传播中的信源较之传统媒体常常是模糊的，大体上有三种情形：一是只有信息内容而没有信息来源；二是道听途说，不给出明确的信息来源；三是虚拟一个现实中不存在的信息来源。正是由于网络信源的模糊性，人们才对网络传播的信息内容持较低的信任度。但是，如果网络传播的信息内容得不到权威信源的及时印证或澄清，或者被封堵或删除，人们反而会转向半信半疑的态度，甚至在一些社会心理的作用下人们持宁信其有的态度，并引起网络舆情。

在目前的网络传播机制下，信源模糊的问题还得不到有效解决，仍会长期存在下去。要解决其造成的传播影响，只能通过权威信源的网络发布与回应。随着传统媒体与网络的融合，信源模糊也成为一些传统媒体制造看点、吸引受众眼球的手段，用"据说""据传"等模糊信源撰写发布的新闻屡见不鲜，这种损害媒体公信力的做法已成为媒体报道的新公害。

（4）网民动员性

网络舆情之所以被迅速放大，除网络传播平台自身的技术特性外，还与网民的意见参与密切关联。从舆情发生的机理来分析，只有人们在关注某一主题信息内容的同时，对该内容发表自己的观点和意见，形成了公众观点群或意见场，才能被称为公共舆论。

网络舆情传播既可以将舆情信息内容本身及其被关注的程度（浏览量）一同传播开来，又能够将网民意见、评论及其意见量（发帖或跟帖量）加以传播。同时，每个浏览者或发帖人都能够在网上即时看到自己的参与情况所引起的网络舆情变化，也就是自身行为对网络舆情的影响。由于这种由自身行为而引起的网络舆情变化，可以在很大程度上给个体带来一种满足感或成就感，会使越来越多的网民参与网络舆情的传播，见证自身对公共舆论的作用。因此，网络舆情传播具有网民动员性的特点。加之，网络舆情所蕴含的利益诉求还会直接产生一些社会群体的共鸣，这将更加推动网民通过网络平台参与公共意见的形成，加入网络舆情的关注和评论队伍中来。网民动员性在舆情发展中具有"滚雪球"效应，一方面参与的人越多，雪球就会越滚越快、越滚越大；另一方面雪球越大，越能够吸引更多的人关注并参与进来。相关部门在对网络舆情进行分析与研判时，必须充分重视网民动员性的特点，对舆情发展趋势做出估计。

（5）意见指向性

由网络舆情传播所形成的公共意见除了在选题和内容上具有丰富性外，还具有较强的意见指向性，即网络舆情中所呈现的网民最热烈的关注和意见往往有着类似的主题和趋同的方向。网络舆情的意见指向主要体现在网络新闻跟帖、社区论坛跟帖以及博客留言中，并且以情绪化的意见表达居多，甚至出现侮辱、漫骂、人身攻击等极端言论，而部分网民这种极端化的情绪往往左右整个网络意见方向。在网络意见形成的过程中，网上意见领袖的作用十分明显，他们评论或发帖的意见方向能够对整个网络舆情的意见指向产生影响。所以，了解、掌握网络舆情意见指向性特点，可以对网络舆情的走势进行科学预判，同时针对网络舆情中存在的民粹心理倾向、情绪极端宣泄、意见领袖引导等核心影响要素加以干预，才能促进网络舆情朝向平衡化、理性化、主流化方向发展，从而正确引导网络舆情。

（6）影响显著性

随着网络媒体受众的普及，其自身与传统媒体的互动、融合也在不断深化，在两者互动共赢作用的推动下，网络媒体与传统媒体在舆情传播过程中日益呈现出一体化的趋势，使网络舆情影响力不断得到显现和提升。此外，网络舆情还可以制造出"民意"效应，即通过体现和传播网民的关注度和意见参与的动态情况，呈现对相关问题的舆情热度，反映出一定的民意诉求。而这种民意诉求本身又可以作为舆情内容被传播和放大，进一步扩大网络舆情的影响。

对于网络舆情影响的评估要持审慎的态度，网络作为一个与现实相对的虚拟空间，其民意表达客观上也存在着虚拟性，一方面，部分网民组成的网络社群可以借助网络传播平台，不断放大符合自身利益诉求的意见，排斥和挤压其他人的意见空间及其传播影响；另一方面，舆情传播的沉默螺旋效应也在网络舆情中充分显现，在部分人的意见借助网络力量无限放大的同时，不愿意或不屑于参与讨论的受众，则自然而然地被排斥在网络民意主体之外。因此，在认识网络舆情传播影响显著性特点的基础上，要学会构建和完善网络舆情的平衡机制，引导和促进网络舆情客观地反映公众意见和诉求，使之与现实社会舆情相统一。

总之，只有充分认识和了解网络舆情的传播特点，才能对网络舆情传播规律加以把握，进而科学地建立网络舆情研判体系与机制，准确分析网络舆情的发生过程和发展趋势。

3. 舆情研究主要内容

（1）舆情信息工作

舆情信息工作包括舆情信息工作的地位与作用、舆情信息工作方针与基本要求、舆情信息工作流程、舆情信息工作保障以及舆情实例等。《舆情信息工作概论》一书中提到舆情信息工作是畅通社情民意、提高执政水平的有效途径，是掌握社会动态、促进社会和谐的重要基础，是落实"三贴近"、改进创新宣传思想工作的基本前提。该书对舆情信息从收集到报送、从加工到开发都做了详尽的阐述，还着重谈了信息工作中的体系建设，包括制度体系建设与组织体系建设，并通过实例鉴析来验证自己的理论，从技术角度来探讨地方社会舆情监测决策支持管理系统的构建。

（2）舆情机制

有学者认为舆情机制是国家决策的根本机制，是隐含了民众的"三位一体"的主体地位决策机制，是全面反映国家决策的价值取向，是决策科学化和民主化的统一。在构成国家决策系统要素中，舆情是第一要求。

（3）网络舆情

在互联网影响力日益增大的今天，各级党政机关、企事业单位和学术机构都越来越重视网络舆情的监测、研究和引导。互联网已成为党和政府治国理政的重要新平台之一，网络舆情也越来越受到重视。刘毅在《网络舆情研究概论》中，对网络舆情的主要特点、构成要素、形成与变动、传播途径、引导与管理等进行了论述，并从方法上讨论如何挖掘网络舆情。相关学者分别以综述的方式对我国网络舆情分析指标的研究与发展现状进行了整理，并对国内舆情机构现状研究进行了回顾与展望。

4. 网络舆情研究现状

（1）国内学者对网络舆情分析指标研究现状

我国对舆情的思想和制度的建设有着悠久的历史，但是在理论上真正对舆情的研究始于 2003 年，对网络舆情的研究始于 2005 年。舆情研究是一个新的社会科学与自然科学交叉的研究领域，国内许多学者从不同的应用场景研究网络舆情分析指标体系，并建立了不同的舆情分析指标体系，对舆情进行监测、评估或者预警。相关研究如下所示：在网络舆情信息挖掘的渠道和环节、挖掘内容重要的"六个点"以及挖掘方式上，有的学者提出了新想法，认为构建网络舆情安全评估指标体系应以量化评价舆情发展态势；有的学者将"舆情"与"网络"有机地契合，深入挖掘互联网上所体现的舆情演变规律，构建网络舆情信息在传播扩散、民众关注、内容敏感性以及态度倾向性四个维度的安全评估指标体系。在网络舆情分析指标确立的方法上，有的学者在向专家发放调查问卷的基础上，利用层次分析法设计了警源、警兆、警情三因素预警指标体系；还有的学者通过权重的计算来明确各个指标影响力的大小。有的学者在对网络舆情理论、相关模型研究的基础上建立了不同的网络舆情分析指标，具体研究结果如下：有的学者以网络舆情作用机理和演变规则为基础，构建了网民反应、信息特征及事态扩散三个维度的突发事件网络舆情安全评估指标体系；有的学者从网络舆情传播关系出发研究了网络舆情的发展演变过程，并基于此建立了包括发布主体在内的四维指标体系；有的学者通过分析现有的网络舆情分析指标体系，根据移动社交网络舆情的特殊性，建立了移动社交网络舆情预警的指标体系；有的学者根据数据立方体和雪花型模式，从舆情主题、舆情传播和舆情受众三个维度构建了监测指标体系；有的学者通过相关性分析和主成分分析相结合的方法对指标进行筛选，并基于 BP（反向传播）神经网络设定各级指标权重来建立危机监测指标体系。表 3－1 总结了国内学术界较为具有代表性的舆情分析指标体系。

表 3－1　国内具有代表性的舆情分析指标体系

名称	学者	特点	指标	指标数量	方法	应用场景
基于数据立方体的网络舆情监测指标体系	陈福集	在网络舆情产生、发展和消亡原因的基础上构建	舆情主题、舆情传播和舆情受众	一级指标 3 个、二级指标 18 个、三级指标 22 个	描述性统计分析	不同主题监测舆情
群体性事件网络舆情安全评估指标体系	兰月新	在网络舆情产生、发展和消亡原因的基础上构建	民众关注、主题敏感、内容直观、态度倾向、事态扩散	一级指标 5 个、二级指标 17 个	文献研究法	政府和国家舆情监管部门等网络舆情安全
网络舆情监测指标体系	兰月新	立足舆情特征的相对稳定性选择指标	传播扩散、发布主体、内容要素、舆情受众	一级指标 4 个，二级、三级指标分别 16 个	层次分析法	政府决策
突发事件网络舆情安全评估指标体系	兰月新	动态指标的确定	事态扩散、民众关注、内容直观、主题敏感、态度倾向	一级指标 5 个、二级指标 17 个	层次分析法	突发事件网络舆情信息的安全态势评估

名称	学者	特点	指标	指标数量	方法	应用场景
网络舆情突发事件预警指标体系	曾润喜	实证分析指标	警源、警兆、警情	一级指标3个、二级指标27个	层次分析法	网络舆情突发预警

（2）国内舆情机构现状研究

①人民网舆情数据中心

人民网舆情数据中心是国内最早从事网络舆情监测、研究的专业机构之一。人民网舆情监测室研发并完善了具备个性化、垂直性监测功能的网络舆情监测系统。该系统基于网络舆情传播规律，及时、全面地监测境内外新闻网站、论坛、报刊、电视、广播和知名博客、微博，并在此基础上进行数据的抓取、挖掘、聚类、分析和研判，方便舆情工作人员迅速获取舆情，提高舆情管理和舆情引导的水平。主要面向政府机关、事业单位以及大型企业（主要是国有企业）提供舆情服务。

②新华网舆情中心

新华网舆情中心基于三大服务平台（新华睿思数据云图分析平台、新华炫知传播力服务平台和新华云智会员服务体系）开展舆情分析与监测，面向各级党政机关、企事业单位等客户推出舆情智库服务。新华网舆情中心的舆情监测服务范围广泛，不局限于政府部门与事业单位。

③百度司南舆情

百度司南舆情分析产品依托百度的网页内容挖掘能力与中文语义分析技术，以社会舆情分析思路和方法论为基础，为客户提供声量诊断、传播分析、受众画像、时间挖掘、情感提炼与预警设置等一系列网络舆情监测服务。

④新浪舆情通

新浪舆情通主要提供政务舆情监测服务，以中文互联网大数据及新浪微博的官方数据为基础，不间断采集新闻、报刊、政务、外媒、微博、微信、博客、论坛、视频、网站、客户端11种来源的信息，每天采集超过9000万条数据。

⑤阿里云舆情监测服务

阿里云舆情监测服务基于全网公开发布数据，结合媒体传播路径和受众群体画像，利用语义分析、情感算法和机器学习等大数据技术，识别公众对品牌形象、热点事件和公共政策的认知趋势。应用范围广泛，但并无针对科技信息的舆情分析。

⑥清博舆情

北京清博大数据科技有限公司（以下简称"清博"）成立于2014年，总部位于北京，拥有新媒体第三方评估平台，由清华大学新闻与传播学院提供学术与技术支持。主要关注微博、微信平台的舆情内容，舆情指标包括点赞数、评论数和阅读量等。为多家知名企业和机构提供大数据挖掘、大数据分析和舆情监测服务。

⑦中国传媒大学网络舆情（口碑）研究所

中国传媒大学网络舆情（口碑）研究所是依托中国传媒大学的人才资源、学术资源、技术资源以及联合国内外其他高校、智库、研究机构、舆情管理部门的专家而发起成立的，专注于网络舆情的分析、研究和运用，以及新媒体运营、政务信息化等项目研究的机构。为全国各级政府、有关部门提供舆情研究与咨询服务。

通过国内学者对网络舆情分析指标体系和国内舆情机构现状研究，网络舆情分析指标总结如表3-2所示。

表 3 - 2 网络舆情分析指标体系总结

体系名称	体系内涵	一级指标	二级指标	三级指标
网络舆情监测指数体系（兰月新）	在研究网络舆情发展规律，把握网络舆情本质特征的基础上，结合众学者的研究成果，利用层次分析法将网络舆情监测指标体系划分为四个维度的指标：传播扩散、发布主体、内容要素、舆情受众。同时，在选择指标时，尽可能使同一层次指标具有独立性，力图较为科学地展现网络舆情的真实规律，兼顾动态指标和静态指标	传播扩散	持续时间	时间跨度
			地理范围	地理跨度
			传播方式	网站、网络媒体、社交媒体
		发布主体	主体身份	意见领袖、普通网民
			影响力活跃度	发帖量、回复量
			意见倾向	支持、反对、中立
		内容要素	主题内容	社会热点、政治新闻、个人隐私、宗教政治
			主题词热度	转发量、评论量、阅读量
			主题敏感度	敏感词
			视听化程度	声像资料量
			内容详略度	文本长度、图片连贯性、声像时长
		舆情受众	态度倾向	支持、反对、中立
			关注人数	独立访问者、访问量
舆情大数据指数（刘志明）	舆情大数据指数是对新媒体时代各种传播媒体及传播者开展传播活动的能力与效果进行综合评价的指数体系，也是用以衡量各种新媒体发展和媒体融合程度的标准	媒体传播力指数	传播量	
			覆盖率	
			互动性	
		舆情影响力指数	传播量	
			覆盖率	
			关注度	
			综合评价	

续表

体系名称	体系内涵	一级指标	二级指标	三级指标
网络舆情指数体系（IRI）	网络舆情指数体系（IRI）是由中国传媒大学网络舆情（口碑）研究所设计，该指数体系是国内第一个权威的、可量化的、科学的网络舆情指数体系，重点突出网络舆情指数的实时动态性以及可理解、可描述、可解释等特点	网络舆情参与度	网民在某网站上针对某一主题发布的信息量、回复量和浏览量	
		网络舆情波及度	衡量所有网络媒体中相关信息的指标	
		网络舆情评价度	整体态度倾向的指标	
百度司南舆情系统指数	百度司南舆情分析系统依托百度强大的网页内容挖掘能力与领先的中文语义分析技术，挖掘与分析网络舆情数据	声量诊断	关注度、关注量级	
		传播分析	舆情传播路径	
		情感提炼	网民情感倾向	
		人群分析	舆情受众画像	
清博指数－微信传播指数（WCI）	清博指数以大数据为核心技术支撑，全方位整合传统门户、微博、微信、论坛、外媒等舆情信息矩阵，提供高效稳定的数据采集平台，深度分析挖掘网络舆情，预测消费者的商业兴趣与社交行为，为企业品牌评估、战略部署提供有力的数据支撑	阅读指数权重80%	日均阅读数（R/d）权重40%	
			篇均阅读数（R/n）权重45%	
			最高阅读数（R_{max}）权重15%	
		点赞指数权重20%	日均点赞数（Z/d）权重40%	
			篇均点赞数（Z/n）权重45%	
			最高点赞数（Z_{max}）权重15%	

体系名称	体系内涵	一级指数	二级指标	三级指标
清博指数–微博传播指数（BCI）	通过活跃度和传播度两大维度来进行评价，发博数 X_1、原创微博数 X_2、转发数 X_3、评论数 X_4、原创微博转发数 X_5、原创微博评论数 X_6、点赞数 X_7	活跃度 W_1 权重20%	发博数 X_1 权重30%	
			原创微博数 X_2 权重70%	
		传播度 W_2 权重20%	转发数 X_3 权重20%	
			评论数 X_4 权重20%	
			原创微博转发数 X_5 权重25%	
			原创微博评论数 X_6 权重25%	
			点赞数 X_7 权重10%	
全景数据评估指数（Pandata Index，PDI）	本算法由上海交通大学大数据传播创新实验室综合多类资源提出，使用运筹学中的层次分析法（AHP）进行系数的确定	文章数量		
		可见总流量		
		认同浏览		
		可见峰值流量		
		可见峰值流量比率		

（3）国外网络舆情研究现状

Public Opinion 多翻译为舆论、民意。以美国学术期刊 *Public Opinion Quarterly*（《舆论季刊》）为例，舆论研究主题主要包括舆论客体研究，舆论主体研究，民意调查，舆论、媒体和决策之间的关系。其中，舆论客体重点研究社会问题、现象趋势；舆论主体重点研究公众和媒体；民意调查则是舆论研究的重要内容和研究方法；舆论、媒体和决策之间的关系是指媒体对舆论和决策的影响、舆论对媒体和决策的影响、决策对舆论和媒体的影响。

舆论研究的方法主要包括民意调查及分析、文献分析、个案研究和假设与验证等。国外舆论专著相对期刊论文而言，更倾向于讨论基础性和较为宏观的问题，按 Price 在 *Public Opinion Quarterly* 中的归纳，这些基础性的讨论主要围绕以下六个问题展开：①舆论到底是什么，它的核心何在？②促成或限制公众对相关问题回应的因素是什么？公众的回应关注度如何？③个体持有意见的强度如何？④舆论与意见是如何组织的？⑤舆论与意见表达时的社会环境如何？⑥舆论导致实际性的政治行动概率有多大？

国外舆论研究主要经历了三个阶段：一是 19 世纪中期从哲学本位阶段转向社会学研究阶段；二是 20 世纪初从社会学研究阶段转向社会心理学研究阶段；三是 20 世纪中期从社会心理学研究阶段转向舆论研究本体阶段，形成了集体行为和社会心理研究、态度和意见研究、政治行为与大众传播研究并举的局面。

国外对于网络舆情的关注有其历史和文化的沿袭因素，也有大量机构和大量专业分析人员的关注因素。在美国，对于网络舆情的研究，特别是与政治生活密切相关的总统选举和国会中期选举的选情分析和研究已经达到了相当高的水平。在国外网络舆情研究主题中，民意调查一直是热点，无论是理论还是实证，都是国外舆情研究的重要部分。民意调查也称民意测验，是"按照系统性、科学性、定量性的步骤，迅速、准确地收集公众对公共事务的意见，以检视公众态度变化的社会活动，其主要功能是真实反映各阶层民众对公共事务的态度，以便政府或相关单位拟订、修正、执行政策的参考"。

国外民意调查从发展看分为三个阶段：1934年以前的萌芽期，1935年到1950年的成长期，1960年后的成熟期。民意调查主要服务于政府、政党与企业，用于针对社会问题、政府决策、政党竞选、市场研究、媒体影响等问题调查大众的看法，以便实施者了解社会民众的接受与反应程度。有学者将国外的民意调查看作公共舆论的"晴雨表"，以及国外政府及单位决策的"风向标"。在美国政治与社会中，民意调查可以说无所不在，无论是民主党执政还是共和党执政，民意分析都是总统直辖的政府机构的一个不可分割的组成部分。收集社会舆情，已经成为一种常态性的政治活动，美国政府每年花在民意调查上的金钱达数十亿美元。美国政府还建立了一个强大的舆情收集与分析系统，在推行新闻发言人制度，实行美国政府工作政策，争取民众支持等方面作出了重要贡献。

综上所述，就网络舆情研究发展而言，国外起步较早，从19世纪中期起步，到20世纪中期已经走向成熟。而我国研究舆情主要始于2003年，党的十六届四中全会后舆情研究与实践迎来高潮，舆情研究机构相继成立，许多相关论文和专著相继发表与出版。在研究内容方面，我国主要研究舆情概念界定与辨析、舆情信息工作、舆情机制、网络舆情等，是基于政府舆情信息工作来开展的，研究层次相对较浅。国外主要开展的则是舆情主客体，民意调查以及舆论、媒体和决策之间关系方面的研究，特别是关于民意调查的研究与实践，已经形成了一个完整的理论与应用体系。另外，因社会形态差别，国内外对舆情研究的目的不同，我国研究的目的主要服务于政治，以政府政策方针为导向，为政府执政服务。国外则除服务政治外，在社会经济、文化中也有广泛应用。所以，国外舆情研究相对国内而言，更加成熟和系统化，应用也更加广泛，在学术研究与应用实践上已成为国内舆情理论与实践研究的导向，以及国内舆情研究借鉴与参考的"他山之石"。

5. 网络舆情分析的意义

随着中国互联网的快速发展，网络舆情分析工作已经成为政府、企业工作内容的一部分。政府和企业进行舆情分析，首要的任务就是提前发现舆情危机，及时进行危机公关。有些网络舆情会对政府的形象造成影响，因此进行舆情监测，可以及时了解事件的动态，对错误、失实的舆论进行正确的引导。政府实施舆情监测还可以掌握社会民意，通过了解社会各个阶层民众的情绪、态度、看法以及意见和行为倾向，对事件做出正确的决定。而对于科技部门来说，目前还没有专门的科技网络舆情分析指标体系，随着新媒体的普及以及公众对科学知识的学习，为了更好地监测、分析和引导科技信息在网络中的传播，构建科技网络舆情分析指标体系势在必行。

(二) 网络舆情技术研究

在网络舆情监测处理过程中，一般包含以下四个基本步骤：网络舆情采集，舆情自动分类，话题识别与跟踪，文本情感分析。下面以四个步骤为线索分别介绍网络舆情监测中各关键技术的研究现状。

1. 网络舆情采集

在信息采集步骤中，主要包括网络爬虫（Web Crawler）和网页清洗（Web Page Cleaning）等技术。网络爬虫是一个按照一定规则自动抓取网络信息的程序，又称为网络蜘蛛（Web Spider）。网络爬虫分为三类：通用网络爬虫、主题网络爬虫和深层网络爬虫。考虑到网络舆情监测一般是面向行业监测，倾向于使用主题网络爬虫。"主题网络爬虫"这一概念由 S. Chakrabarti 在 1999 年首次提出。与通用网络爬虫不同，主题网络爬虫是面向主题的、有选择地抓取信息。主题网络爬虫主要有两种技术：基于 Web 链接分析的搜索和基于 Web 内容分析的搜索。

网页清洗就是从网页中过滤掉"噪声"数据，提取出网页中有价值的信息内容。网页清洗分析方法主要分为三类：基于树结构分析方法、基于 Web 挖掘方法、基于正则表达式方法，其中基于树结构分析方法应用最广。开源软件是比较有代表性的工具，是一种基于 Web 挖掘的网页清洗方法，通过建立 HTML（超文本标记语言）标记信息和数据冗余的噪声判别模型取得了良好的去噪效果，缺点是高度依赖每个网站网页的结构。还有通过使用 Xpressive 技术实现一种基于静态正则表达式的网页清洗方法，该方法算法直观、简单、易实现。

2. 舆情自动分类

舆情自动分类是将收集的舆情进行自动分类，是整理和发现舆情的关键步骤。主要运用到自然语言处理中的文本分类（Text Categorization）和文本聚类（Text Clusters）等技术。文本分类是模式识别与自然语言处理密切结合的研究课题，是在给定的分类体系下，根据文档的内容自动地确定文档关联的类别。文本分类研究始于 20 世纪 50 年代，在 20 世纪 90 年代前主要以知识工程方法为主，之后，基于统计机器学习方法成为研究的主要方向。知识工程方法是由人工定制规则进行分类，繁杂且适用性差；目前统计机器学习方法得到了长足的发展，常用的有

NaveBayes（朴素贝叶斯分类）、KNN（K临近）算法、类中心向量法、回归模型、支持向量机（SVM）、决策树等。其中，支持向量机分类器、KNN算法的分类效果要强于其他方法，但在应用中NaveBayes因其算法简单也常被使用。

文本聚类区别于文本分类，是一种无监督的机器学习方法，主要依据是著名的聚类假设：同类的文档相似度较高，而不同类的文档相似度较低。文本聚类算法很多，主要有：基于平面划分法的k - means算法和k - mediods算法；基于层次划分法的CURE算法和BIRCH算法；基于密度划分法的DBSCAN算法和OPTICS算法；基于网格划分法的STING算法等。在当前应用中，基于平面划分和基于层次划分的算法使用比较多。

3. 话题识别与跟踪

话题识别与跟踪是指对网络舆情聚类分析后，通过算法找出热点问题，并通过算法跟踪话题发展过程的技术，是网络舆情监测中一项核心技术。话题识别与跟踪的研究始于1996年美国DARPA（国防部高级研究计划局）提出的一种能自动确定新闻信息流中话题结构的技术，从1998年开始，DARPA和NIST（国家标准与技术研究院）资助并主持了话题识别与跟踪系列测评会议。目前，主题检测与跟踪研究集中于五个子任务展开。各个子任务的解决将有助于最终研究目标的实现。这五个子任务包括对新闻报道的切分子任务、新事件的识别子任务、报道关系识别子任务、话题检测子任务、话题跟踪子任务，其中话题检测和话题追踪子任务是核心问题。

话题检测主要任务是检测新话题并收集后续相关报道，主要集中在聚类方法的选择与融合上。CMU（卡内基梅隆大学）使用Single - pass

算法进行新事件的探测，Single－pass 算法计算简单、运算速度快，但过分依赖新闻语料被处理的顺序。之后提出各种算法分别有：改进的 K 均值算法，用于发现热点话题，该算法使用密度函数法进行聚类中心的初始化，执行结果受新闻语料被处理顺序的影响较小，应用于热点新闻事件检测；多策略优化的分治多层聚类算法处理中文语料，其性能已追平目前最好的话题发现算法在英文语料中的测试成绩；层次化话题有助于聚类效果，已应用于事件检测领域。

话题追踪主要任务是检测出与某一已知话题有关的新报道，话题追踪的相应研究已经取得很好的效果。但如何更有效地追踪话题的后续发展仍然是该领域有待深入研究的课题。近期更多的研究集中于相关报道的概率分布和话题随时间衰减趋势的估计。话题追踪技术核心是机器学习和分类算法的应用。CMU 使用 KNN 和决策树方法进行基于文本的新闻主题相关事件追踪，而马萨诸塞大学（UMASS）则根据词法特征来进行事件跟踪；还有相关学者提出一个利用有限混合模型动态追踪话题发展趋势的方法，该模型集话题发现、新事件发现及话题追踪于一体，可实现实时动态话题趋势分析；基于 Web 的有监督自适应话题追踪技术研究，通过调整关键字权重和增量学习的方式来提高追踪系统的性能。

4. 文本情感分析

文本情感分析，又称文本倾向性分析或意见挖掘，是对带有情感色彩的主观性文本进行分析、处理、归纳和推理的过程。文本情感分析是自然语言处理技术中新兴的研究课题，具有很大的研究价值和应用价值。一般来说，它有三个主要研究任务：情感信息抽取、情感信息分类、情感信息的检索与归纳。

研究者进行的文本情感分析大多是基于自然语言处理在信息抽取、

文本分类、语料库等研究成果中的延续。有学者以知网（HowNet）和台湾大学情感词典（NTUSD）两部中文情感词词典为基础，对博客搜索结果进行了情感词提取和分析，对每个实词查找其极性，对于非中极性的词语查看其修饰前缀，计算其上下文极性，最后计算整段评论中倾向性表达的密度和强度，根据这两个数值，划分整段评论倾向性的等级。国外学者利用词性标注、命名实体识别、句法分析等方法研究成果构建规则模型，应用于评价对象的抽取；有的学者使用最大熵（Maximum Entropy）模型来计算所有名词短语中的观点持有者；有的学者详细对比了SVM（支持向量机）、最大熵和 Nave Bayes 这三种情感分类器。情感信息检索任务最早出现在 2004 年，2006 年文本检索会议（Text Retrieval Conference，TREC）首次引入了博客检索任务。鉴于网络信息浩瀚无边，网络舆情实践首先关注的就是 IT 支撑技术问题，这些支撑技术主要集中在计算机和互联网技术领域，特别是中文信息处理、智能信息处理方面的研究和探讨对科技网络舆情的应用提供了坚强支撑。

网络舆情关键技术一方面与信息处理、信息分析的具体技术和解决方案密切相关，另一方面伴随网络应用不断推陈出新。以网络舆情信息源为例，除网络新闻、网络论坛等传统应用外，又出现了博客、维基（wiki，多人协作的写作系统）、聚合新闻等新形态的信息交互模式，与此对应的信息采集等技术也在不断改进和提升，如从早期的静态页面的信息获取到动态数据库数据获取，从普通的网络爬虫到多线程防"捶击"、可自主调整搜索策略的高效爬虫，从字符串匹配的检索到基于元搜索的智能检索等。

（三）网络舆情应用研究

目前，我国研究舆情的专业机构按其依托的平台及工作侧重点的不同大致可以分为新闻媒体、学术科研机构、商业服务机构，这三类机构共同构成了我国多元化的舆情研究环境。由重要新闻媒体成立的舆情研究机构依托自身的信息平台优势，可以较容易地获取来自基层群众的原始数据，掌握舆情动态；以高校为依托的学术科研机构的研究者有着较高的专业理论水平支持，能够更深层次地挖掘舆情内在的机制；以技术与平台开发为主的商业服务机构在信息的采集、挖掘方面有着不可比拟的优势，技术实力较为雄厚，具有很强的商业性质。各类机构中有代表性的平台如表 3 – 3 所示。

表 3 – 3　国内舆情监测系统

分类	平台	功能	应用
新闻媒体	人民网舆情系统	网络声誉管理、舆情监测、敏感信息预警、内部风险管理评估、突发事件实时追踪和宣传工作评估考核	政府、国企
	新华网舆情监测分析中心	依托技术领先、覆盖最广、功能强大的网络舆情监测系统和电视舆情监测系统，结合多年积累的丰富的舆情专业经验和行业积累，新华网"舆情在线"提供多种形式的网络舆情研究报告	政府、企业等
学术科研机构	清博舆情分析系统	舆情阶段性报告、热点事件综合分析、新媒体传播报告、粉丝画像分析、行业研究报告、顶级政企刊物、政策执行效果分析	企业、政府
	中国传媒大学网络舆情（口碑）研究所	网络舆情的分析、研究和运用，以及新媒体运营、政务信息化等项目研究，提供咨询服务	企业、政府等

续表

分类	平台	功能	应用
商业服务机构	拓尔思（TRS）舆情系统	实现社会热点话题、突发事件、重大案情的快速识别和定向追踪，从而帮助政府及时掌握舆情动向，对有较大影响的重要事件快速发现、快速处理，从正面引导舆论和宣传，构建积极向上的主流舆论，并为政府决策提供信息依据	政府、企业等
	军犬舆情系统	主体监测、专题聚焦、用户对网络舆情监测和热点事件专题追踪	企业、政府等
	红麦舆情系统	利用分类、去重、相似性聚类、情感分析、提取摘要、自动聚类等处理，配合专业分析师生成详细的舆情分析报告，提供舆情监测预警作用	企业、政府等
	谷尼舆情系统	完成全网和指定网站互联网信息监测；发现最新、最热、最重要的网络信息；实时监控，日日简报，月月专报，要事快报	企业、政府等
	百度舆情系统	提供舆情监控、舆情分析、相关搜索词分析、受众画像、简报、分析报告	个人版，政企版，API（应用程序接口）版新闻媒体
	新浪微舆情系统	全方位地分析报表展示功能；多角度、多层次展示信息功能；揭示数据规律，预判所收集到的舆情信息的未来走势	政府、新媒体
	腾讯云舆情系统	突发事件、热点发现、热点专题分析、监测预警、定期报告等功能	政府、企业、传媒、医疗等
	阿里云舆情系统	识别公众对品牌形象、热点事件和公共政策的认知趋势	政府、企业、传媒、医疗、教育等

三、编制思路与方法

随着互联网的广泛普及和网络技术的飞速发展，几乎每时每刻都有公众在各类网络平台上分享自己的见闻。这些消息一经发出，有些经过发酵，会被大范围传播，形成网络舆情事件。同时，手机等移动终端产品和网络社交平台的不断增多，不仅使人们可以更加及时、便捷地相互交流，也促进了网络舆情的快速传播与演化。很多人甚至在某件事件发生的同时，就通过网络社交平台发布了事件相关信息，之后通过其他人的评论和转发使事件快速发酵，从而促进网络舆情的发展演化。网络舆情具有快速、真实等特点，即网络舆情通过公众的评论、转发等行为快速传播发展，而且表达了公众最真实的想法。

本课题在研究现有网络舆情分析指标体系的基础之上，设立了多方面、可量化的指标，结合相关理论与研究方法确立权重，突出科技网络舆情的特征，制定出公正客观且能够精准分析中国科协网络舆情的指标体系。

（一）编制思路

中国科协网络舆情指标体系由指标层次、指标构成两部分组成，其中，中国科协网络舆情指标层次由三部分组成，分别是网络舆情分析基础指标、网络舆情内容分析指标、网络舆情分析分类指标；单项指标共9个。

1. 网络舆情分析基础指标

（1）网络舆情监测来源

科协网络舆情监测来源包括新华网、人民网、今日头条等新闻信息渠道和微博、微信、社区论坛（如百度论坛）等社交信息渠道。

（2）舆情传播行为指标 C

舆情传播行为指标 C 由阅读量指标 I、评论量指标 P、转发量指标 Z、点赞量指标 D 4 项数据计算所得，其计算公式为：

$$C = \alpha_1 I + \alpha_2 P + \alpha_3 Z + \alpha_4 D$$

其中，$\alpha_i(i = 1,2,3,4)$ 为不同传播行为指标的权重，阅读量指标 I 由一段时间内各个信息渠道发布涉及某一主体或主题文章的总阅读量计算所得，评论量指标 P 由一段时间内网民在各个信息渠道对涉及某一主体或主题的文章或帖子的总评论量计算所得，转发量指标 Z 由一段时间内网民对涉及某一主体或主题微博文章的总转发量计算所得，点赞量指标 D 由一段时间内网民对涉及某一主体或主题微博文章的总点赞量计算所得。各项指标的内涵与计算公式如表 3 - 4 所示。

表 3 - 4　舆情传播行为指标 C 内涵解释与计算公式说明

指标名称	内涵解释	计算公式
阅读量指标 I	由一段时间内各个信息渠道发布涉及某一主体或主题文章总阅读量加权计算求得；数值越大，表示相应主体或主题的舆情热度越高	根据新华网 X、人民网 R、今日头条 J、微信 W_1、微博 W_2、百度论坛 B 等渠道相关文章阅读量的数据计算求得，计算公式为： $I = \lambda_1 \ln I_X + \lambda_2 \ln I_R + \lambda_3 \ln I_J + \lambda_4 \ln I_{W_1} + \lambda_5 \ln I_{W_2} + \lambda_6 \ln I_B$ 其中：I 是阅读量指标；$\ln I_X$ 为新华网中涉及某一主体或主题所有新闻文章阅读量总和的自然对数；$\ln I_R$ 为人民网中涉及某一主体或主题所有新闻文章阅读量总和的自然对数；$\ln I_J$ 为今日头条中涉及某一主体或主题所有新闻文章阅读量总和的自然对数；$\ln I_{W_1}$ 为微信中涉及某一主体或主题所有文章阅读量总和的自然对数；$\ln I_{W_2}$ 为微博中涉及某一主体或主题所有文章和帖子阅读量总和的自然对数；$\ln I_B$ 为百度论坛中涉及某一主体或主题所有帖子阅读量总和的自然对数；λ_i 为对来自不同信息渠道阅读量数据所赋予的权重

续表

指标名称	内涵解释	计算公式
评论量指标 P	由一段时间内各个信息渠道发布涉及某一主体或主题文章的总评论量加权计算求得；数值越大，表示相应主体或主题的舆情热度越高	根据新华网 X、人民网 R、今日头条 J、微信 W_1、微博 W_2、百度论坛 B 等渠道相关文章评论量的数据计算求得，计算公式为： $P = \beta_1 \ln P_X + \beta_2 \ln P_R + \beta_3 \ln P_J + \beta_4 \ln P_{W_1} + \beta_5 \ln P_{W_2} + \beta_6 \ln P_B$ 其中：P 为评论量指标；$\ln P_X$ 为新华网中涉及某一主体或主题所有新闻文章总评论量的自然对数；$\ln P_R$ 为人民网中涉及某一主体或主题所有新闻文章总评论量的自然对数；$\ln P_J$ 为今日头条中涉及某一主体或主题所有新闻文章总评论量的自然对数；$\ln P_{W_1}$ 为微信中涉及某一主体或主题所有文章总评论量的自然对数；$\ln P_{W_2}$ 为微博中涉及某一主体或主题所有文章或帖子总评论量的自然对数；$\ln P_B$ 为百度论坛中涉及某一主体或主题所有文章或帖子总评论量的自然对数；β_i 为对来自不同信息渠道评论量数据所赋予的权重
转发量指标 Z	由一段时间内网民对涉及某一主体或主题微博文章的转发量计算求得；数值越大，表示相应主体或主题的舆情热度越高	根据微博相关文章转发量的数据计算求得，计算公式为： $$Z = \sum_{i=1}^{n} \sum_{j=1}^{m} \ln k_{ij}$$ 其中：Z 为转发量指标；k 指某一微博账号就某一主体或主题所发布某一篇微博文章的转发量；i 为微博账号数；j 为某一微博账号内就某一主体或主题所发布微博文章数
点赞量指标 D	由一段时间内网民对涉及某一主体或主题微博文章的点赞量计算求得；数值越大，表示相应主体或主题的舆情热度越高	根据微博相关文章点赞量的数据计算求得，计算公式为： $$D = \sum_{i=1}^{n} \sum_{j=1}^{m} \ln m_{ij}$$ 其中：D 为点赞量指标；m 指某一微博账号就某一主体或主题所发布某一篇微博文章的点赞量；i 为微博账号数；j 为某一微博账号内就某一主体或主题所发布微博文章数

2. 网络舆情内容分析指标

（1）舆情主题（T）

舆情主题是指网络舆情中所反映的热点科技事件，由一个或多个主题关键词来表征，并通过各个主题关键词来筛选网络舆情语料。确定主题关键词的思路有三种：①根据业务理解来确定，将新兴的科技事件作为主题关键词；②根据网民搜索行为来确定，将检索次数最多的科技事件关键词作为主题关键词；③通过对语料库进行分词，筛选科技事件相关高频词作为主题关键词。

（2）舆情主体（HT）

舆情主体是指网络舆情中所反映的热点科技人物或机构，由一个或多个主体关键词来表征，并通过各个主体关键词来筛选网络舆情语料。确定主体关键词的思路有三种：①根据业务理解来确定，将新兴的科技人物或机构作为主体关键词；②根据网民搜索行为来确定，将检索次数最多的科技人物或机构关键词作为主体关键词；③通过对语料库进行分词，筛选科技人物或机构相关高频词作为主体关键词。

（3）敏感舆情（S）

敏感舆情是指网络舆情中所反映的敏感科技事件、人物或机构，由一个或多个敏感关键词来表征，并通过各个敏感关键词来筛选网络舆情语料。敏感关键词主要是根据业务理解来确定，将以往舆情分析中所识别的舆情敏感词进行沉淀，形成敏感关键词库，用于后续舆情监测。

（4）舆情情感倾向（E）

舆情情感倾向是指网民对于科技事件、人物或机构所表达的积极、中立或消极的态度。根据情感特征词汇库中的预设词，对涉及某一科技事件、人物或机构的各个文章或帖子中的每个预设词都赋予相应数值，其中对消极情感特征词赋值为 −1，对中立情感特征词赋值为 0，对积极情感特征词赋值为 1。

舆情情感倾向指标计算公式为：

$$E = M \times 1 + N \times (-1) + K \times 0$$

其中，M 代表用户积极情感特征词在舆情信息所有情感特征词中所占的比例，N 代表用户消极情感特征词在舆情信息所有情感特征词中所占的比例，K 代表中性情感特征词在舆情信息所有情感特征词中所占的比例。

3. 网络舆情分析分类指标

根据网络舆情数量繁多、动态变化、复杂多样等特点，一般将网络舆情分析分类指标确定为三大类，包括时间分类、地域分类、渠道分类。

（1）时间分类（H）

从时、天、周、月等不同时间段对网络舆情的发展趋势进行分析。

（2）地域分类（L）

从县、市、省、国等不同行政区划对网络舆情的地域分布进行分析。

（3）渠道分布（Q）

根据新闻媒体渠道和社交媒体渠道等不同信息源对网络舆情的传播渠道分布情况进行分析。

综上所述，中国科协网络舆情指标体系将网络舆情分析基础指标与网络舆情分析分类指标进行结合，形成不同维度下的舆情传播指标，包括舆情传播趋势分析、舆情传播地域分析、舆情传播渠道分析、舆情传播媒体分析。而网络舆情内容分析指标将舆情主题和舆情主体作为舆情热词和舆情热点事件进行分析。

（二） 编制方法

1. 中国科协网络舆情指标编制原则

构建分析指标体系是进行中国科协网络舆情分析的基础。分析指标体系是否科学直接影响和制约着中国科协网络舆情评价结果是否科学。为了保证中国科协网络舆情指标体系的科学性，在设计指标体系时应遵循以下几个原则。

（1）注重整体与突出重点相结合的原则

一方面，指标体系只有通过各项指标的相互配合才能充分、全面、系统地展现中国科协网络舆情的基本内容，同时保证各个具体指标在含义、口径范围、计算方法、计算时间和空间范围等方面的一致性；另一方面，中国科协网络舆情指标体系在关注整体性的同时，突出重点，反映本质，揭示实质。

（2）可测性原则

中国科协网络舆情指标体系用操作化的语言定义，其所规定的内容可以通过现有的工具测量获得比较明确的结论，即使不能量化的指标，其定性描述也应该具有直接可测性，若内容不具有直接可测性，也能够通过间接可测的指标来测量。

（3）可行性原则

一方面，中国科协网络舆情指标体系设计合理，根据中国科协网络舆情实际需要和现实可能来设定指标，确保整个分析指标体系立足于主、客观条件；另一方面，整个指标体系尽量删繁就简，实际上，分析指标不是越多越好，越繁越好，应做到能精简的尽量精简，能简化的尽量简化，做到以精取胜、以质取胜。

（4）等权重原则

在设计指标体系时，应考虑每个中国科协网络舆情指标的重要性，采用等权重编制方法，赋予每个指标相同的权重，并通过定期调整确保权重的相等。

2. 中国科协网络舆情指标编制方法

中国科协网络舆情指标编制可通过对网络舆情指标编制方法的研究提出适合科技网络舆情分析指标编制方法，采用定量与定性相结合的方法，具体方法如下所示。

（1）文献分析法

文献分析法是指通过调查文献获得资料，从而全面地、正确地了解和掌握网络舆情指标的情况。本课题对网络舆情的指标体系构建研究现状，利用文献分析法，并结合历史研究法作为线索，从逻辑推理入手，剖析网络舆情指标已有知识结构和逻辑体系，为中国科协网络舆情指标的建立提供基础性的参考。

（2）专家分析法

专家分析法是指在网络舆情指标建立及权重确定方面，向专家发放问卷或在咨询专家的基础上确定各个指标和要素的影响权重，从而较为科学地实现指标及指标权重的确定。

（3）层次分析法

层次分析法是将网络舆情分析指标分解为较为简易的若干层次和指标，对两两指标进行重要程度判断，利用层次分析法构建网络舆情指标体系层次结构模型，能更加合理地确认网络舆情指标。

（4）案例分析法

以现有网络舆情的机构为例，对这些机构的资料进行分类比较和总结分析，把不同类型的具有代表性的案例提炼出来，以发现网络舆情分析系统的结构和指标的建立及应用，并弄清其不同类型网络舆情机构指标发展过程，进而对中国科协网络舆情指标建立提供参考和借鉴。

四、指标体系

依据网络舆情分析基本指标，结合我国科技网络舆情真实情况和多媒体网络舆情的演进层次设立指标。利用专家分析法、等权重编制方法等对科技网络舆情的指标进行赋值，建立中国科协网络舆情指标体系。

（一）中国科协网络舆情指标体系

如表3-5所示，中国科协网络舆情指标体系由一级指标、二级指标两部分构成。其中，中国科协网络舆情分析一级指标由三部分组成，分别是网络舆情内容指标、网络舆情传播指标、网络舆情情感指标；二级指标共8个，其中，网络舆情内容指标2个，网络舆情传播指标5个，网络舆情情感指标1个。

表3-5　中国科协网络舆情指标体系

一级指标	权重(%)	二级指标	权重(%)	指标解释
网络舆情内容指标	40	热词	40	在一定统计时间内，主要媒体对机构、人物等热词的关注数量，其中，发布量权重30%、浏览量权重30%、转发量权重40%
		热点事件	60	在一定统计时间内，指定事件在论坛、微博、微信等平台浏览、转发、传播的热度，其中，浏览量权重25%、转发量权重25%、传播量权重25%、评论量权重25%

一级指标	权重(%)	二级指标	权重(%)	指标解释
网络舆情传播指标	40	趋势分布	20	在一定统计时间内，网络舆情发展趋势
		机构分布	20	网络舆情信息中提及的和事件相关的机构分布情况
		地域分布	20	网络舆情信息中网络媒体报道的事件发生地的地域分布情况
		渠道分布	20	网站、微博、微信、论坛、贴吧等渠道的网络舆情信息传播分布情况
		媒体分布	20	报道网络舆情信息的各类媒体的舆情信息传播分布情况
网络舆情情感指标	20	情感倾向	100	网民对网络舆情信息的情绪分布，包括正面、中性和负面等

（二）指标体系说明

1. 中国科协网络舆情指标选择说明

（1）一级指标的选取

中国科协网络舆情指标体系的一级指标共三个：网络舆情内容指标、网络舆情传播指标、网络舆情情感指标。其中，网络舆情内容指标旨在反映一定统计时间内民众对科技舆情信息的关注情况，该指标从海量的舆情信息中捕捉和发现民众关注的热点，密切关注该舆情信息的爆发和演化规律；网络舆情传播指标旨在刻画某一具体的舆情事件或细化主题的相关信息在一定统计时间内通过互联网呈现的传播扩散状况；网络舆情情感指标旨在反映公众对某一特定的网络舆情信息所持有的观点态度（即民意）倾向。

中国科协网络舆情分析的一级指标的选择是根据中国科协的职能、网络舆情的特点、现有舆情分析机构的指标设置现状等方面综合考量，最终选择舆情内容、舆情传播、舆情情感 3 个维度而加以构建的。

首先，中国科协具有推动科技创新和学科发展；普及科学知识，传播科学思想和科学方法；反映科学技术工作者的建议、意见和诉求，维护科学技术工作者的合法权益；促进学术道德建设和学风建设，创造健康的学术氛围和提高全民科学素质的职能。随着互联网的蓬勃发展，科技信息在网络上传播知识更加便利与频繁，中国科协开展网络舆情管理具有重要意义。一方面要维护互联网作为公众意见表达、情绪抒发和公共事务讨论的虚拟公共场所的公平、开放和自由；另一方面要通过对网络舆情管理保障科技信息的传播不会影响社会的稳定、安全和有序。中国科协通过对科技舆情信息进行深入分析和挖掘，对网络上的敏感话题、舆情动态等信息及时掌握，了解民众的情绪、态度、看法以及意见和行为倾向，同时对恶性或非理性的网络舆情行为加以有效监测，对科技网络舆情管理做出正确的决策。中国科协网络舆情指标的选择需要结合科技信息网络传播管理的要求以及公众对科技信息传播内容的反应。因此，通过对科技网络舆情内容、舆情传播、舆情情感三个方面的把握，可以为中国科协的科技网络舆情管理工作的开展提供充分且必要的决策依据。

其次，在网络舆情中，网络舆情主体与客体是构成网络舆情的关键要素。网络舆情主体是流露情绪或发表意见的行为人（网民、网络媒体、其他媒体等）。而网络舆情的客体则是指引起舆情的社会事务或社会事务所涉及的目标对象，即发生的公共事件或者政府、社会机构、企业等单位。网络舆情具有直接性、突发性和多元性的特点：①直接性，通过新闻点评和博客网站，网民可以立即发表意见，民意表达更加畅通；②突发性，网络舆论的形成往往非常迅速，一个热点事件的存在加上一种情绪化的意见，就可以成为点燃一片舆论的导火索；③多元性体现在信息内容、传播途径、表达方式、意识形态和观点内容多元化。

中国科协所针对的科技网络舆情，除了符合大众网络舆情的一般特点外，还具有关联性和动态性的特点。一方面，科技信息中的很多内容具有更广泛的领域适用性，某一个科技信息可能会影响社会生活的方方面面，相应地科技网络舆情有时可能也不会只出现在科技界，社会各界及广大的社会公众也会参与科技舆情的产生与传播过程当中；另一方面，科学知识本身也在不断地发展演化，科学界总会不断地对相关理论进行验证、修改，有时还会抛弃，新旧交替，这使科技网络舆情有时也会具有更多的动态性，从而也带来更多的不确定性。因此，中国科协网络舆情分析指标也需要考虑科技网络舆情演变的一般特点和独特规律，围绕舆情信息的传播扩散、内容敏感等维度来构建中国科协网络舆情指标体系。

最后，网络舆情分析机构共分为三类：第一类依托主流媒体，凭借其广泛的消息来源与新闻实务经验，拥有对时事热点和受众心理变化较高的敏感性。近年来，媒体对业界政务舆情研究的成果大量涌现，为党政部门、企业和社会团体组建舆情监测队伍提供了指南。第二类依托高校或学术机构，善于在其较深厚的学术背景基础上，对网络舆情的变化和特点进行归纳梳理，并总结一般规律，形成系统性、公开性的报告和理论研究。第三类由软件公司或市场调查公司建立，具有较强的技术实力，对网络舆情数据的获取能力较强，近年来逐渐成为舆情工作行业内重要的技术型方阵队伍。另外，近年来，也有舆情监测软件公司与高校合作建立研究性机构，将前者的技术优势、市场经验与后者的学术优势相结合，实现优势互补。

对上述三类舆情机构的舆情分析指标进行调研，发现网络舆情分析机构采用爬虫技术实现信息的采集，自动识别、分隔出论坛和新闻评论中的每一个帖子及其评论信息，统一进行垃圾信息过滤、自动分类，通过正则匹配精准地保存信息的标题、出处、发布时间、正文、相关图片、点击量、转发量、评论量、回复量、点赞量等。舆情分析指标体系以信息指标、传播指标、主体指标、意见指标等为主。通过设置舆情分析指标，舆情分析系统可全天候浏览采集、分类和分析媒体头条新闻、境外热点报道、网上热点评论、区域新闻、境外新闻、敏感信息、地区（省区内或市内）论坛新帖、时政和社会热点、网络媒体点击率和评论数排行榜等。另外，随着移动互联网的普及，微博、微信成为网络舆情的集中体现平台，所以对于微博、微信的监控需要更高的采集技术，现在微博、微信平台都已提供 API，可以通过调取 API 去采集数据。目前，从网络舆情信息采集的数据量来看，来自微博、微信的数据日益占据较大比例。所以，结合现有网络舆情分析的经验做法，中国科协网络舆情分析指标从网络舆情内容、网络舆情传播、网络舆情情感来展开构建，也较符合网络舆情管理的一般规律。

综上所述，中国科协网络舆情指标体系最终选择网络舆情内容、网络舆情传播、网络舆情情感作为中国科协网络舆情分析一级指标。并根据实际需求，选取包括人民网、新华网、今日头条等新闻渠道和包括微博、微信、社区论坛（如百度论坛）等社交渠道的信息作为中国科协网络舆情监测来源。

（2）二级指标的选取

①网络舆情内容的各个二级指标

网络舆情内容指标包括 2 个二级指标，分别是热词指标和热点事件指标。其中，热词指标是指在一定统计时间内，主要媒体对机构、人物等热词的关注数量。热点事件指标是指在一定统计时间内，指定事件在论坛、微博、微信等平台浏览、转发、传播的热度。

网络舆论形成过程主要包括"导火索"对象传播、网上讨论扩散以及意见整合三个阶段。在舆论形成的初始阶段，一定是由带有"导火索"性质的信息所引发，虽然有少部分信息完全通过网络中人际关系传播来形成舆论，但通常需要专业媒体的参与来扩大信息的传播范围。网络舆情传播是指相关舆论信息在网络空间由点到面、由散到聚、由冷到热传播的过程，也就是网上舆情信息随时间轴线动态变化的过程。与传统媒体的舆情传播线性路径和圈层式受众覆盖不同，网络舆情传播呈现的是非线性的散播路径和交叉、重复、叠加式传播覆盖，具有传播爆炸性的特点。就好像是在网络空间上存在的一个个舆情信息"地雷"或"炸弹"，在一定条件下被触发后，其信息传播能量可以瞬间得到释放，相关信息及其评论在网络空间上快速生成，并产生巨大的传播影响。在网络舆情传播爆炸的过程中，相关部门可以通过网民参与性的信息和意见传播活动，使相关舆论持续升温，舆情热点不断显现。并借鉴现有舆情分析机构构建的网络舆情内容指标，从发布量、转发量、评论量、点赞量 4 个指标来描述科技网络舆情热度。

中国科协主要职能包括开展科学知识普及、学术交流、为科学技术工作者服务等，这些职能使科协舆情内容分析更加侧重对热词和热点事件的关注，所以将舆情内容分析的二级指标设置为热词指标和热点事件指标。

②网络舆情传播的各个二级指标

网络舆情传播二级指标共有 5 个，分别是趋势分布指标、机构分布指标、地域分布指标、渠道分布指标、媒体分布指标。其中，趋势分布指标是指在一定统计时间内，网络舆情的发展趋势。机构分布指标是指网络舆情信息中提及的和事件相关的机构分布情况。地域分布指标是指网络舆情信息中网络媒体报道的事件发生地的地域分布情况。渠道分布指标是指网站、微博、微信、论坛、贴吧等渠道的网络舆情信息传播分布情况。媒体分布指标是指报道网络舆情信息的各类媒体的舆情信息传播分布情况。

在网络舆情传播的中间阶段，信息引发大量网民关注和交互讨论，信息和意见通过相互联通着的各类传播渠道迅速扩散，该阶段意见交锋明显。网络舆论被迅速放大，这除了与网络传播平台自身的技术特性相关外，还与网民的意见参与密切关联。网络舆情传播既可以将舆情信息内容本身及其被关注的程度（浏览量）一同传播开来，又能够将网民意见、评论及其意见量（发帖或跟帖量）加以传播；同时，每一个浏览者或发帖人都能够在网上即时看到自己的关注和意见参与情况所引起的网络舆情变化，也就是自身行为对网络舆情的影响。

舆情分析机构从空间、时间和参与度三个方面分析舆情传播，如事件趋势、事件来源、事件地区和事件高发时段等。三个方面的分值进行累加能够反映舆情事件的实际传播情况。空间上，舆情发生的范围可从区到全市乃至跨省。时间上，舆情事件发生的时间不同将影响舆情的传播，比如工作日和周末发生的舆情事件其传播效率有很大区别。舆情事件发生后公众持续讨论的时间长短也对舆情事件的传播起决定性作用。

舆情事件发生后到权威媒体发布新闻的时间间隔也对舆情事件的传播起重要的作用，时间间隔越长，舆情讨论中猜测、传播谣言成分就会越多。参与度方面，由于最高法院和最高检察院已经将浏览 5000 次和转发 500 次以上的网络谣言定义为情节严重可构成诽谤罪。因此，可以参照这个标准来划分参与度指数。

中国科协职能涉及范围广泛，包括机构情况、地域情况、渠道和媒体情况等不同方面。因此，结合网络舆情的传播特点、舆情分析机构在舆情传播方面指标的设置和中国科协的职能特征，将科协舆情传播指标分为趋势分布指标、机构分布指标、地域分布指标、渠道分布指标和媒体分布指标。

③网络舆情情感的各个二级指标

网络舆情情感二级指标只有 1 个，即情感倾向指标，它是网民对网络舆情信息的情绪分布，包括正面、中性和负面等。

网络舆情传播所推动形成的公共意见除了在选题和内容上具有丰富性外，还具有较强的意见指向性，即网络舆情中所呈现的网民最热烈的关注和意见往往有着类似的主题和趋同的方向。网络舆情的意见指网民针对重要舆情事件发表自己的意见和观点，主要体现在网络新闻跟帖、社区论坛跟帖以及博客留言中，产生大量具有主观性的情感文本信息，并且以情绪化的意见表达居多，甚至出现侮辱、漫骂、人身攻击等极端言论，而网民这种极端化的情绪往往左右网络意见方向。在网络意见形成的过程中，网上意见领袖的作用十分明显，他们评论或发帖的意见方向能够对整个网络舆情的意见指向产生影响。所以，了解、掌握网络舆情意见指向性特点，可以对网络舆情的走势进行科学预判，并针对其存在的民粹心理倾向、情绪极端宣泄、意见领袖引导等影响要素加以干预，从而促进网络舆论朝向平衡化、理性化、主流化方向发展，正确引导网络舆论。

现有的文本情感分析方法有以下几种：关键词识别、词汇关联、统计方法。关键词识别是利用文本中出现的清楚定义的影响词，例如，开心、难过、伤心、害怕、无聊等来进行分析。词汇关联除了侦查影响词以外，还赋予词汇一个和某项情绪的"关联"值。统计方法通过调控机器学习中的元素，比如潜在语义分析（Latent Semantic Analysis，LSA）、支持向量机（Support Vector Machine，SVM）、词袋（Bag of Words）等。有很多开源软件使用机器学习、统计、自然语言处理的技术来计算大型文本集的情感分析，这些大型文本集合包括网页、网络新闻、网上讨论群、网络评论、博客和社交媒介。

中国科协通过运用技术手段对科技信息的评论进行抽取和情感分类，进一步了解大众对中国科协网络舆情信息的态度。

2. 中国科协网络舆情指标体系中各级指标权重说明

（1）一级指标的权重

首先，对网络舆情传播分布情况的分析需要关注舆情内容的传播分布情况，并且科技网络舆情主要通过网络舆情内容体现科技特色与科技特点，所以舆情内容指标权重设定为40%。

其次，科技网络舆情传播分布情况还需结合网络舆情在传播方式与范围上的相关表现来展开分析，并且内容与传播构成了舆情传播同等重要的两个方面，因此舆情传播指标权重也设定为40%。

最后，除了对科技网络舆情内容与传播这两个更具"面"上的要素进行考察外，科技网络舆情分析还需要针对网络舆情情感这一"点"上的特点来进行补充监测，为此需要通过网络舆情情感指标来展开分析。与网络舆情内容分析和网络舆情传播分析相比，网络舆情情感分析为网络舆情分析的相对次一级的内容，所以网络舆情情感指标的权重设定为20%。

（2）二级指标的权重

①网络舆情内容各个二级指标的权重

热词指标权重。由于热词的定义为：第一，行业内新兴的主题；第二，网民检索次数最多的关键词；第三，语料库中的高频关键词。热词是已经在词库中的舆情内容，而非突发事件，所以热词指标的权重仅占40%。

热词指标是指在一定统计时间内，主要媒体对机构、人物等热词的关注数量。关注数量权重为：发布量30%、浏览量30%、转发量40%。权重设定依据为媒体的信息发布特征与网络渠道的信息传播特点。其中，第一，发布量为在一定统计时间内各大渠道发布文章的总量；第二，浏览量为在一定统计时间内各大渠道发布文章的浏览总量；第三，转发量为在一定统计时间内各大渠道发布文章的转发总量。

热点事件指标权重。由于热点事件往往是突发事件，具有不可控性，爆发性强，影响力大，所以热点事件指标的权重设定为60%。

热点事件是指在一定统计时间内，指定事件在论坛、微博、微信等平台浏览、转发、传播的热度。热度权重为：浏览量25%、转发量25%、传播量25%、评论量25%。权重设定依据为网民的信息行为特征，由于网民的浏览行为、转发行为、传播行为和评论行为同样重要，所以权重均为25%。其中：第一，浏览量为在一定统计时间内各大渠道发布文章的浏览总量；第二，转发量为在一定统计时间内各大渠道发布文章的转发总量；第三，传播量为在一定统计时间内各大渠道发布文章的传播总量；第四，评论量为在一定统计时间内各大渠道发布文章的评论总量。

②网络舆情传播各个二级指标的权重

由于网络舆情传播指标的各分布指标同等重要，所以权重均设定为20%。其中，趋势分布指标是从时、天、周、月不同的时间长度对网络舆情信息的发展趋势进行监测；机构分布指标是在一定统计时间内，主要媒体对机构、人物等热词的关注数量，通过语义标注对舆情信息中的机构、人物等主体进行抽取并统计；地域分布指标是将各大媒体对网络舆情信息中报道的事件发生地的地域分布情况进行统计分析；渠道分布指标是对各大渠道发布的文章数量分别进行统计；媒体分布指标是对网络舆情传播的媒体数量与分布情况进行统计。

③网络舆情情感各个二级指标的权重

情感分析是对带有情感色彩的主观性文本进行分析、处理、归纳和推理的过程。互联网（如新华网、微博、微信和论坛）上产生了大量的用户对于中国科协信息（如人物、事件、产品等）有价值的评论信息，相关部门通过这些主观的评论能够了解网民对于某一事件的看法。网民对网络舆情所表达的积极、中立、消极态度，分为正面、中性和负面3个方面。根据特征词汇库中的预设词，将一条信息中的每个词都赋予相应的值：−1表示反面情感，0表示中立情感，1表示正面情感。根据赋值情况计算网络舆情的情感倾向。

3. 科技网络舆情分析指标

将网络舆情内容指标、传播指标和情感指标，结合时间维度下的传播行为，构建综合的科技网络舆情分析指标，共有6个科技网络舆情分析指标。

（1）热词趋势指标：反映一段时间内某个热点科技事件的网络舆情传播情况与趋势特点。

（2）热点内容趋势指标：反映一段时间内特定事件、科技人物或机构的网络舆情传播情况与趋势特点。

（3）舆情趋势分析指标：反映某个网络舆情在不同的时间段内人们所关注的程度。

（4）舆情传播主体分析指标：反映一段时间内网络舆情信息中提及的和事件相关的机构，以及网络媒体报道的事件发生地的地域分布情况与趋势特点。

（5）舆情渠道分析指标：反映一段时间内不同信息渠道（网站、媒体等）下的网络舆情传播情况与趋势特点。

（6）舆情态度演化指标：反映一段时间内网络舆情情感倾向与态度演化特点。

五、指标应用

针对网络舆情传播速度快、信息数量庞大、影响范围广、影响力强等特点，本研究构建了科技网络舆情分析指标体系，对科技网络舆情传播过程、舆情内容、舆情情感指标进行分析，利用聚类、分类等数据挖掘技术进行动态数据采集、分析。我国的科技网络舆情研究的一些基础性的理论已经确立，研究框架也有了雏形，但值得研究和优化的方面还很多。

（一）中国科协网络舆情指标体系优化思路

1. 应用说明

（1）舆情阶段性报告

当舆情事件发生后，利用热词趋势指数、舆情传播主体分析指数、舆情渠道分析指数、舆情态度演化指数，中国科协可以对某一阶段的舆情事件热度排行、传播路径、观点呈现等提出相关对策。舆情阶段性报告可以包含舆情日报、舆情周报、舆情月报、舆情季报、舆情年报等。

（2）热点事件综合分析

中国科协对网络舆情指标的分析包括全网传播热度、传播路径、各方观点、特点规律、处置建议、趋势总结等重要舆情参考内容，也可以在该基础上进行舆情监测、风险预判、预警体系构建等，对突发事件进行跨时间、跨空间综合分析，获知事件发生的全貌并预测事件发展的趋势，对涉及内容安全的敏感话题及时发现并报警。热点事件综合分析可以帮助领导快速掌握当前舆情态势，从而为下一步战略措施采取有针对性的信息发布和舆论应对提供有力的决策支持。

（3）新媒体传播报告

在移动互联网时代，除贴吧、论坛、微博外，App、视频、直播等手机应用也成为舆情的高发地带，因为其传播时效性更强、更容易扩散。基于新华网、腾讯的数据及技术优势，可以提供新媒体平台应用现状、舆论传播影响力等多维度的新媒体传播报告，为科技网络舆情指标在新媒体领域的应用提供坚实有效的支持。

2. 应用方法

网络舆情突发事件预警指标体系的投入运行可以根据实际情况采用以下两种方法。

（1）综合评分法。各项指标均采用五级记分法，按照分值Ⅰ、Ⅱ、Ⅲ、Ⅳ、Ⅴ进行赋值，总分为 0～150 分，结果如表 3－6 所示。

表 3 - 6　综合评分法

表 3 - 6　综合评分法

V级	IV级	III级	II级	I级
0 ~ 30	31 ~ 60	61 ~ 90	91 ~ 120	121 ~ 150

（2）权重评分法。应用层次分析法和德尔菲法确定各项指标的权重和分值，然后进行综合分值计算。其基本公式为：

$$A = \sum_{i=1}^{n} a_i b_i$$

其中 A 表示权重评价值，a_i 为各指标的权数，b_i 为单个指标的评价值。通过确定的权重和分值就可以计算出权重评价值，最终确定预警的等级。

（二）中国科协网络舆情指标体系应用场景

中国科协网络舆情指标体系研究尚处于起步阶段，一些基础性的理论已经确立，研究框架也有了雏形，在完成舆情指标体系建立的基础上，对其应用场景展开研究。

1. 统计报告

（1）舆情日报：每日网络热点分析，每天一期。

（2）月报或季报：一个月或季度的整体舆情总结，并对重点舆情事件进行剖析。

（3）舆情周报：定位于帮中国科协的领导干部准确全面了解舆情，同时，提供网络浏览及多媒体电子杂志下载服务。

2. 舆情监测

舆情监测是指通过新闻、论坛、博客、微博、平面媒体等渠道监测各类型互联网信息载体，为中国科协部门提供社会热点事件监测、政策实施效果监测等监测服务。科技网络舆情的深度加工与利用，尤其是舆情监测与分析等过程所存在的智能信息处理技术问题，因涉及语义层面的因素，所以客观上需要融合一些学科领域在文本挖掘、知识发现、机器学习、语义分析等相关方面的成果加以应用。

根据我们的研究和分析，可以预见将来中国科协网络舆情研究肯定需要更加关注信息，关注科技网络舆情的信息收集、分析等方法。同时，网络舆情研究需要多学科交叉，中国科协网络舆情研究将充分利用情报学或其他相关学科范式，发挥不同领域学者的学科优势，将前期研究搭建出的框架填充上实质性的内容，使其更加丰富。

3. 危机管理

危机管理是指关注由社会突发公共事件引起的科技网络舆情问题。社会突发事件很容易形成社会舆论焦点和热点，网民会根据自己对突发公共事件的理解发表自己的见解。突发事件引起的网络舆情直接关系到社会稳定，所以要对突发事件的相关报道和相关信息进行认真分析、判断、预测，进行网络创新交互模式的治理与应对。应建立网络舆情爆发的快速反应机制，加强敏感点发现、热点预警、爆发点掌控等关键节点。

4. 智库咨询

（1）通过不断扩大数据的来源和提高数据处理能力，掌握大量一手关于科技的信息，为科技发展方向提供高端、前沿咨询服务。

（2）中国科协网络舆情指标体系可以针对科技战略、科技管理、科技环境、政策环境等方面的内容展开监测，为科技领导者和科技人员提供智力支持，不断扩大和加深舆情监测的范围与内容。

六、国内网络舆情应用案例

目前，网络舆情分析机构共分为三类，第一类依托主流媒体，凭借其广泛的消息来源与新闻实务经验，拥有对时事热点和受众心理变化较高的敏感性。媒体对业界政务舆情研究的成果大量涌现，为党政部门、企业和社会团体组建舆情监测队伍提供了指南。如新华网、人民网等。第二类依托高校或学术机构，善于在其较深厚的学术背景基础上，对网络舆情的变化和特点进行归纳梳理，并总结一般规律，形成系统性、公开性的报告和理论研究。如清博舆情、中国传媒大学舆情（口碑）研究所等。第三类由软件公司或市场调查公司建立，具有较强的技术实力，对网络舆情数据的获取能力较强，近年来逐渐成为舆情工作行业内重要的技术型方阵队伍。知名的舆情分析机构有红麦舆情、百度舆情、新浪微舆情、腾讯云舆情等。对网络舆情指标资料的收集分别从以上三类进行，并查找具有代表性、知名的舆情分析机构分析舆情指标的数据。

（一）权威新闻媒体舆情应用案例

1. 新华网舆情系统

（1）新华网舆情系统结构

新华网舆情监测分析中心是国内最早从事网络舆情监测分析服务的机构，2003 年以来一直在为中央有关部门提供舆情报告，目前已建立一支 100 多人的舆情分析队伍，拥有业内领先的舆情监测统计技术，积累了丰富的舆情分析研判经验。

新华网"舆情在线"网络舆情监测与分析系列产品和服务，包括全国乃至全球网络舆情、电视舆情监测研判，危机公关和舆论引导等。

旨在依托新华网权威媒体平台和先进技术手段以及阵容庞大的专家队伍，以网络舆情研判为基础，提供智库类综合信息服务，帮助各级党政机关和企事业单位领导干部利用互联网倾听民意，改进工作方式。

（2）新华网舆情系统应用

1）信息服务

①网络舆情电脑客户端：关键字检索、分类检索、专题检索、数据检索、自助简报、生成舆情并向手机发送。

②网络舆情手机客户端：自助关键字设置、自助发送时间设定、自助发送手机设定、发送信息查询、24 小时危机预警。

③电视舆情服务：PC（个人计算机）、PAD（平板电脑）、3G（第三代移动通信技术）手机全平台使用，新闻直播、视频点播、新闻搜索、视频管理。

2）舆情报告

①舆情日报：每日网络热点分析，每天一期。

②月报或季报：一个月或季度的整体舆情总结，并对重点舆情事件进行剖析。

③舆情周报：定位于帮各级党政机关或企事业单位领导干部准确全面了解舆情，包括《舆情同期声》《冰点·沸点》《案例·对策》《财经》《城市智库》《舆情榜》《面孔》《画中有话》《政务内参》《前瞻》《"微"观》和《网络原生态》等栏目，固定周期出版；同时，提供网络浏览及多媒体电子杂志下载服务。

3）危机管理

①预警：对用户将要面临的风险进行分析，加强预警，有利于用户及时化解风险。

②咨询：新闻发言人制度已成为政府、企业引导舆论、化解危机的重要机制，新华网舆情系统可在信息发布方式、发布内容等方面提供咨询。

4）智库支持

①高端：拥有庞大的资深记者、编辑、经济分析师、咨询师、特约分析师队伍，可为用户提供智力支持。

②前沿：掌握大量一手信息。

③深入：针对企业战略、企业并购、企业管理、海外投资、行业环境、政策环境等方面，为用户提供智力支持。

2. 人民网舆情系统

（1）人民网舆情系统结构

人民网舆情监测室研发并完善了具备个性化、垂直性监测功能的网络舆情监测系统。

该系统基于网络舆情传播规律，及时、全面地监测境内外新闻网站、论坛、报刊、电视、广播和知名博客、微博，并在此基础上进行数据的抓取、挖掘、聚类、分析和研判，方便舆情工作人员迅速获取舆情，提高舆情管理和舆论引导的水平。

舆情监测平台涵盖五大舆情支持系统，即部委（纪检），省（市）级，市（区）级，县级和上市公司、央（国）企、外企、民企舆情支持系统，为客户实现网络声誉管理、舆情监测、敏感信息预警、内部风险管理评估、突发事件实时追踪和宣传工作评估考核等功能。

舆情监测报告服务按性质可分为常规舆情监测报告服务和专项舆情监测报告服务两部分。常规舆情监测报告，即按设定时间、特定行业定期发布舆情监测报告。适用于行业或某一领域的长期舆情监测服务。专项舆情监测报告，即针对突发事件进行个案分析。适用于有特殊舆情监测服务需求的客户或者典型舆情案例。

人民网舆情系统有具备传播学、社会学、经济学、公共管理学、数理统计学等专业背景的舆情分析研究人员 100 多名，在人民日报社、人民网的领导和中国社会科学院、北京大学、清华大学等单位的专家、学者的指导下，已形成了一套较完整的网络舆情监测理论体系、工作方法、作业流程和应用技术，可以对传统媒体（含中央媒体、地方媒体、市场化媒体、部分海外媒体）网络版、网站新闻跟帖、网络社区/论坛、微博、网络"意见领袖"个人博客、网站等网络舆情主要载体进行 24 小时监测，并进行专业的统计和分析，形成监测分析研究报告等成果。

（2）人民网舆情系统应用

人民网舆情系统主要应用于以下几个方面：①地区舆情分析比较报告；②舆情监测模型设计；③专用舆情工作技术平台；④提供网络危机公关服务；⑤定期或者专题的定向舆情监测分析报告。

（二）高校、科研机构舆情应用案例

1. 清博舆情分析系统

（1）清博舆情分析系统结构

清博舆情分析系统即清博大数据，拥有清博智库学术团队，服务项目涵盖舆情阶段性报告、热点事件综合分析、新媒体传播报告、粉丝画像分析、行业研究报告、政企刊物、政策执行效果评估等多种定制报告，长期为多家部委、大型企业提供包括舆情分析、危机公关、企业传播、新媒体策划等在内的舆情事件应对和新媒体传播策略报告。

清博大数据的团队包括曾在政府、金融、互联网、媒体等众多领域工作过的学者和从业人员，可以为客户提供多行业的深度分析报告。拥

有新媒体第三方评估平台，由清华大学新闻与传播学院提供学术与技术支持。清博大数据拥有员工170多人。其中，舆情分析团队成员多为国内"211""985"名校的博士、硕士；大数据部门则会集了20多位计算机高端人才，专注于支持数据系统的开发与运营，为定制报告提供有力的技术支撑。清博大数据是新媒体大数据评价体系和影响力标准的研究制定者，舆论分析报告和软件供应商，区县级融媒体平台解决方案提供商，"一站式"行业大数据解决方案服务商。

（2）清博大数据指数

清博大数据指数包括以下8个部分：①微信传播指数（WCI）；②微博传播指数（BCI）；③网红传播指数（OCI）；④头条号传播指数（TGI）；⑤微信授权账号传播指数（WII-AU）；⑥政务百家号传播指数（BGCI）；⑦QQ公众号传播指数（QSCI）；⑧新媒体融合指数。

（3）清博舆情分析系统应用

①舆情阶段性报告

为客户提供专业的舆情报告服务。当舆情事件发生后，清博舆情分析系统会根据客户的需求，对某一阶段的舆情事件热度排行、传播路径、观点呈现、特点总结、风险预测等提出相关对策和趋势建议。清博舆情分析系统的阶段性报告包含舆情日报、舆情周报、舆情月报、舆情季报、舆情年报等。

②热点事件综合分析

报告内容包括但不限于全网传播热度、传播路径、各方观点、特点规律、风险预判、处置建议、趋势总结等重要舆情参考内容，可以帮助管理者快速掌握当前舆情态势，从而为下一步战略措施采取有针对性的信息发布，为舆论应对提供有力的决策支持。

③新媒体传播报告

清博舆情分析系统基于数据及技术优势，为客户提供新媒体平台应用现状、舆论传播影响力、新媒体应用成果与宣传成效、互联网新媒体环境下的形象树立与提升等多维度的新媒体传播报告，为客户在新媒体领域的发展提供坚实有效的支持。

④深度研究报告

依托资深的行业经验和专业的学术支持，结合当前发展现状，对相关课题进行深入分析，并提出专业的应对建议，深挖客户需求，针对客户需求，为客户提供深入有效的报告作为参考。同时，还向企业提供舆情事件研判、应对方案建议等服务，为企业量身定制传播策略，帮助企业提升市场影响力与品牌竞争力。

⑤行业研究报告

清博大数据的行业研究报告偏重于行业传播分析，为客户提供的服务报告内容包括竞品分析、行业分析、特定行业新媒体领域分析，并可以根据客户需求结合行业情况为其提供企业品牌传播、企业形象推广、营销效果评估等服务。

⑥政企刊物

通过清博大数据，企业可以实时关注与客户相关的社会及行业发展动态，并对相关政策进行风险评估，及时获取所需的情报信息，保持前瞻性，为企业科学决策提供参考依据，助力企业发展。政企刊物的具体内容包括信息全景收录、维度分析等，提供日报、周报及月报等多种服务形式。

此外，还可根据客户诉求，为其提供粉丝画像分析、政策执行效果评估、活动传播效果评估、网络人物形象分析等多种特定需求的定制报告。

2. 中国传媒大学网络舆情（口碑）研究所

中国传媒大学网络舆情（口碑）研究所是依托中国传媒大学的人才资源、学术资源、技术资源以及联合国内外其他高校、智库、研究机构、舆情管理部门的专家而发起成立的，专注于网络舆情的分析、研究和运用，以及新媒体运营、政务信息化等项目研究。为全国各级政府、有关部门提供舆情研究与咨询服务。

（1）中国传媒大学网络舆情指数体系

网络舆情指数体系是由中国传媒大学网络舆情（口碑）研究所设计的。该指数体系是国内第一个权威的、可量化的、科学的网络舆情指数体系，重点突出网络舆情指数的实时动态性以及可理解、可描述、可解释等特点。

①网络舆情参与度指标

网民在某网站中针对某一主题发布的信息量、回复量和对该信息的浏览量的综合统计。

②网络舆情波及度

衡量所有网络媒体中相关信息的指标。

③网络舆情评价度

反映整体态度倾向的指标。

（2）中国传媒大学网络舆情系统应用

IRI 网络口碑研究咨询机构（IRI Consulting Group）是国内权威的网络舆情、网络口碑研究咨询机构，承担国家社科基金重点子课题"网络舆情指数体系"研究，与中国传媒大学联合成立中国传媒大学网络舆情（口碑）研究所。主要应用包括以下四种。

①"互联网＋"战略咨询与服务

重点关注的相关方向有："互联网＋医疗（大健康领域）""互联网＋食品类""互联网＋交通出行""互联网＋制造业""互联网＋教育"等。为客户提供上述领域的链条式系统解决方案，主要包括基于行业深度的标杆研究及行业大数据的建模、挖掘、分析、应用等，为客户提供"互联网＋"时代下传统企业与互联网如何融合的企业转型升级战略咨询，以及根据客户要求提供实施转型升级中的各相关配套服务，包括平台构建、资源整合、技术实施、品牌传播等。

②互联网治理及政策研究与服务

各级政府主管部门在维护意识形态安全、数据安全、技术安全、应用安全、资本安全、渠道安全等方向，通过文献研究、数据挖掘分析、标杆研究、实地调研等方式对互联网治理、产业发展、网络安全等方面加以重点科学研究，并形成专项研究报告，以供有关部门作为重要科学决策参考。

③品牌影响力重构咨询与服务

品牌影响力重构咨询：以客户委托的专项研究方式，协助客户就其如何重构移动互联时代下政府与企业的品牌影响力，尤其是利用社交媒体的传播布局做出研究咨询。

品牌影响力重构服务：咨询方案通过后，可根据客户要求协助其进行相关工作的落地、开展与实施。主要包括以下服务：品牌影响力重构的战略布局、核心专家智囊团的构建、行业高端闭门会的策划与召开、行业标准构建的课题研究与发布、产业价值深度梳理、主要传播议程设置及载体平台选择、"三微一端"（微信、微视频、微博、客户端）的定位构建与运维、自媒体（人）资源构建、网络形象及衍生品的策划设计等。

④海外影响力咨询与服务

从海外影响力评估到构建，针对欧洲、美国以及"一带一路"沿线国家，主要包括以下四项内容：一是中国相关媒体海外传播力持续评估研究；二是相关领导人海外传播影响力持续评估研究；三是海外媒体影响力格局与传播应用载体研究；四是企业如何"走出去"搞好宣传构建海外影响力。

（三）企业舆情机构应用案例

1. 拓尔思（TRS）舆情系统

（1）TRS 舆情系统结构

TRS 在非结构化数据管理方面积累了多年的实践经验。TRS 以自己的检索功能为根基，针对不同用户需求开发相应的舆情应用，应用领域横跨多个领域和行业，具体涉及文化教育、食品安全、医疗卫生、交通能源、质检监察等各级政府部门，以及家电、IT、银行、汽车、房地产、电信等各行业企业。TRS 舆情系统的服务方向包括敏感舆情监测、口碑监测和舆情处理。监测范围则涵盖新闻、论坛、博客、评论、平媒、微博、微信等，同时 TRS 舆情系统还充分发挥其检索优势，对百度、谷歌、搜狗等主流搜索引擎也可实现监测。

（2）TRS 舆情分析指标

①网络舆情热点指标

根据新闻文章数及文章在各大网站和社区的传播链进行自动跟踪统计，提供不同时间段（1 天、3 天、7 天、10 天）的热点新闻。

②预警网络舆情指标

分为高级、中级、低级、安全等级别。包括每类信息的预警文章条数和百分比，以及每类预警信息某一时间段的传播趋势、传播站点统计、正负面信息统计、信息类别统计、新闻帖子统计等。

③舆情正负面信息指标

自动研判并且统计政要领导人物的正负面信息、地区形象的正负面报道等。

④热点专题统计指标

热点专题总体分布、重点预警事件总分布、各类重点预警事件分析。

⑤站点统计指标

统计各采集站点的采集文章数、统计各论坛站点的采集文章数。

⑥热点人名指标

抽取文章中的人名，并对出现该人名的文章数进行统计，可查看热点人名的传播趋势。可按日期查询热点人名。

⑦热点地名指标

抽取文章中的地名，并对出现该地名的文章数进行统计，可查看热点地名的传播趋势。可按日期查询热点地名。

⑧热点机构指标

抽取文章中的机构名，并对出现该机构名的文章数进行统计，可查看热点机构的传播趋势。可按日期查询热点机构。

⑨热点词语指标

抽取文章中的热点词语，并对出现该词语的文章数进行统计，可查看热点词语的传播趋势。可按日期查询热点词语。

（3）TRS舆情系统应用

TRS舆情系统在政府、媒体、金融、军工、安全、企业、知识产权、网信、出版等领域均有应用，以政府、媒体领域的应用为例。

1）政府、部委舆情

在政府电子政务领域，TRS 舆情系统以"互联网＋政务服务""政府大数据"为方向，集自然语言处理、人机交互、可视化分析、知识图谱、用户画像、大数据、微服务架构等技术，面向 80% 的部委、60% 的省级政府、50% 的地级市政府提供政府网站、政务服务、智能检索、舆情感知等方面的产品和服务。

在"互联网＋政务服务"的时代背景下，推出"集约、智能、云服务"三位一体的"高效集约、弹性伸缩、智能运维、开放汇聚"的系列集约化政务服务门户、智能搜索/问答、网站用户行为分析等服务。针对庞大冗杂的政府大数据，TRS 舆情系统采用专项分析和基础应用相结合的模式，通过对社会管理、政府热线、政务舆情进行数据管理分析及检索关联关系挖掘等，实现"按需融合、全息分析、态势感知"的效果。

①整体信息把握

通过直观的图形展现来了解该部委或政府当前的舆情现状与传播情况，也可以获取当前各种舆情栏目的情报信息的整体情况。

②信息统计对比

针对采集到的各种信息，系统可以进行条件设定，对不同时间、不同信息进行对比分析，并以直观的形式予以展现。

③人物监测

对该部委或政府领导人的信息进行检测并分类，同时进行敏感信息定义，一旦出现涉及领导人的敏感信息，领导人的头像将显示为红色，便于识别。

④专题跟踪

针对某热点突发事件，快速地制作专题信息，聚合同一类新闻，并跟踪其发展趋势。

⑤来源分析

可以获取当前关注该新闻事件的主要媒体情况，以及提及的组织机构，让客户在第一时间获知互联网上对该事件的关注机构主体。热门人物统计可以获取在当前事件传播中的主体人物。专题中所有的图形表现形式都对应着真实的数据，通过直接点击可以获取数据的详情。

2）社会媒体舆情

在新闻媒体领域，TRS拥有长期的实践经验，提供以数据和信息处理为核心的技术服务。针对媒体融合的国家战略需求和面对媒体行业的应用需求，分别推出了新一代融媒体智能生产传播解决方案和TRS数家媒体大数据云服务平台，以支撑媒体行业深度融合、提升媒体大数据的价值密度。

新一代融媒体智能生产传播解决方案涵盖了"策、采、编、发、评、营、屏""6 + 1"平台，以"大数据 + 云服务"的理念实现内容生产与用户个性化的智能匹配。融媒体产品平台已经在众多报业集团的大型项目中得到充分的洗礼和验证，以内容资产为核心的数据型生产理念得到了业界的认可，并为媒体集团的融合转型发展打下了坚实基础。

①热点事件发现

对微博等社交媒体及时进行监测，若涉及敏感信息的关键词传播热度、评论数和转载数激增达到某个阈值即会进行系统预警。

②官方微博评估

可以对官方微博的社会影响力进行综合评估，包括对微博活跃度、粉丝质量、粉丝活跃度、粉丝地域、粉丝性别以及对话题影响力进行多维度评分，以实现对官方微博的综合考评。

③话题跟踪和预测

对大规模数据进行社会化运算，实现对热点话题从产生、传播到消亡的全生命周期管理。

④人物关联关系

利用数据中心庞大的运算分析能力，对人物关联关系进行实时挖掘，掌握微博等网络平台上的意见领袖的关联关系。

⑤意见领袖发现

根据对博主发帖数和帖子转发数的统计，分析热点事件中意见领袖的排行。同时可以根据检索词如"电子出版"发现对该关键词涉及最多的行业专家。

⑥传播效果评估

可对微博营销效果进行综合评定，对传播人群、传播地域、传播路径等提供可视化数据，还可对活动效果提供数据支撑和指导性意见。

2. 军犬舆情系统

（1）军犬舆情系统结构

军犬舆情系统是由中科点击（北京）科技有限公司自主研发的一套成熟的网络舆情监控系统和网络舆情办公系统。它集成了舆情监测、舆情采集、舆情智能分析、舆情处理、舆情预警、舆情搜索、舆情报告辅助生成、舆情短信自动提醒、动态图表统计分析等核心功能。它能够基于语义自动识别情感，自动分析是否为负面信息；包含舆情专业词典，可深度透析各个维度；特有"舆情漏斗"算法，把互联网"读薄"，可大浪淘沙般萃取舆情；能够透过图表分析趋势，掌握舆情潜在的变化规律。

军犬舆情系统由舆情采集工具（军犬网络信息采集系统）、舆情加工和分析引擎、舆情服务平台和舆情检索引擎（军犬智能检索系统）四个部分组成。

军犬舆情系统采用 B/S（浏览器/服务器）与 C/S（客户端/服务器）结构相结合的系统架构，利用先进的系统架构形成优势互补，实现了基于浏览器的瘦客户端或者普通客户端、服务器模式。在军犬舆情系统中，各部分的主要功能包括以下四点。

①军犬网络信息采集系统从互联网采集新闻、论坛、博客、评论等舆情信息，并存储到舆情数据库中，通过军犬舆情检索引擎对海量的舆情数据进行实时索引。

②舆情加工和分析引擎负责对舆情数据库进行智能分析和加工。

③舆情服务平台把舆情数据库中经过加工处理的舆情数据发布到 Web 界面上并展示给用户。

④用户通过舆情服务平台浏览舆情信息，通过简报生成等功能完成对舆情的深度加工。

（2）军犬舆情系统指标

①时间趋势指标

展现敏感、热点、关注信息及专题分析中某类信息在一定时间段内的数量变化曲线。设定时间段有两种选择：固定时间段——确定截止时间，选择一天、一周、一月，所对应的时间段为从截止时间上溯一天、一周、一月。自定义时间段——所对应的时间段为开始时间到结束时间。按照网站类型（新闻、论坛）统计时间曲线，根据峰值把握监管力度。

②网站分布指标

按照网站类型统计专题分布情况。

③地域分布指标

按照网站地理位置统计专题分布情况，统计网站数、信息条数、地域分布、舆情类型等信息。

④话题演化指标

根据历史资料对以往信息指标体系进行理论模拟和数学模型的推导，形成话题分析的主题演化二维图，判断话题的聚合和演变趋势。

⑤传播路径指标

传播路径指标是敏感、热点、关注及专题分析中分析某类信息在各网站之间的转载、传播路径。分析热点信息传出的网站名称，数字分别表示热点信息传播途径和传播顺序，显示出该热点信息的传播方向和传播内容。系统可自动分析出该热点信息的具体传播途径，其中包括传播的顺序、网站名称和信息的标题。

⑥统计分析指标

包括定量统计分析和定性统计分析两种统计方式。定量统计分析可以统计一天中发生的十大热点信息，并会根据热点信息的分布生成各种图表，自动生成统计结果。单项事件的定性统计分析可以就具体事件进行专项的定性分析，采用人机结合的方式，系统出具统计数字和报告，由人工对事件性质进行判断。

（3）军犬舆情系统应用

根据用户自定义的条件展现系统监测到的舆情数据，并且即时地展现到对应的模块。主要包括舆情文章、舆情事件、舆情预警、舆情图表等。

①舆情文章

舆情文章版块是整个系统的灵魂，舆情文章是项目中的最新舆情、分类舆情和搜索高度结合的版块。

舆情文章展示详细的舆情、负面信息、正面信息、与我相关、研判的文章、所有文章，又分载体（新闻、论坛、博客、微博、QQ 群等）进行显示。

根据不同载体的特点显示不同的模板样式，可以按时间进行搜索，根据转载数、点击数、回复数和时间进行排序，还可以进行分类的展示和自定义分类的处理和展示。最后可以对文章进行相应的操作，包括研判、已读/未读、预警等。

②舆情事件

舆情事件包括自定义事件和自动聚类事件。

③舆情图表

通过图表可以很直观地看到各种数据的变化，便于舆情工作者对信息进行分析和汇总。

3. 红麦舆情系统

（1）红麦舆情系统结构

红麦舆情系统利用自主研发的智能爬虫技术，实时监测新闻、论坛、博客、平面媒体、微博、微信等各种媒体信息，并利用自然语言处理技术，对信息进行垃圾过滤、内容提取、自动排重等处理，可进行文章权重计算、情感分析、自动分类、传播轨迹分析等，形成多维度可视化舆情分析结果。

（2）红麦舆情系统指标

①热点话题指标

通过对关键词进行分析比较，统计话题词组出现的频率，再根据出现频率的高低对话题进行热点归类。

对当前互联网中被争论的热点话题进行分析，统计出当前热点话题列表。

对特定话题进行跟踪分析，关注其回帖率，并支持按时间段进行跟踪统计分析。

②敏感话题分析指标

自动发现热点话题中的敏感话题，或者发现特定敏感话题。

③情感倾向指标

通过系统内置褒义、贬义词库，对网页内容进行智能分析，判断网页的褒义、贬义导向。

④趋势分析指标

当自然形成的某类话题达到一定舆情热度时，对该话题进行跟踪统计分析，统计该话题出现的网页数量，按时间对热点话题进行统计，形成跟踪统计曲线图。

通过系统设定的热点话题，对该类热点话题进行跟踪，当该类话题达到一定舆情热度时，统计出现的网页数量，对该话题进行跟踪统计，形成曲线图。

（3）红麦舆情系统运用

在舆情管理、竞争情报、数据挖掘服务等方面进行运用。

①舆情监测服务

利用红麦舆情系统先进的舆情监测产品体系对互联网进行全网监测，监测范围覆盖新闻、论坛、博客、微博、平面媒体、QQ群，监测各类型互联网信息载体，为企业提供品牌监测、企业领导监测、产品监测、竞争对手监测等监测服务，为政府提供民生民意监测、社会热点事件监测、领导动态监测、政策实施效果监测等监测服务。

②舆情预警服务

建立高效、及时的预警机制，利用先进的舆情监测产品体系在第一时间发现预警信息，通过邮件、电话、手机短信、IM（即时通信）等多种方式通知客户。

③舆情报告服务

为客户提供日报、周报、月报、季报、年报、专题报告等各种类型的舆情报告，以满足客户的不同需求。

日报是以天为监测周期，罗列出当日各类型舆情信息。根据客户要求每日按时送达。通过日报，客户可在最早时间详细地了解到所关注范围的舆情动态。

周报是以周为单位，罗列出一周所发生的所有舆情信息，包括各类型舆情信息。每周五发出。通过周报，客户可详细地了解到一周所关注范围的所有舆情动态，对舆情态势、企业网络口碑有一个总体认识。

月报、季报、年报分别是以月、季、年为单位，为客户总结当期内重点舆情事件，分析舆情走势规律，提供舆情管理策略建议。提供时间分别为月末、季末、年末。通过深入的分析报告，客户可以制定科学的舆情应对策略。

专题报告是指专业分析师对舆情信息进行深度分析后所形成的带有分析、研判性质的专题报告。红麦舆情系统提供的分析报告包括自身品牌分析报告、行业分析报告、竞争对手分析报告、舆情分析报告。红麦舆情分析师团队有着多年从事舆情分析、舆情研究和应对等方面的工作经验，专注企业舆情管理，熟悉企业舆情形势，擅长企业舆情应对策略，长期为众多大型央企、国企及世界五百强企业提供舆情分析报告服务。

④竞争者识别

通过细分市场，对企业决策中面临的竞争对手进行动向分析。

⑤市场份额监测

优势企业对新进入者进行市场干预效果分析。

⑥竞争优势分析

市场跟进企业，对竞争对手核心竞争优势进行分析，了解其弱点和动向。

⑦竞争者监测

竞争对手对长期的市场表现、采取的新举措对市场的影响进行分析。

⑧决策支持

提供整套数据整合、抽取、分析方案。通过多维度、多层级的数据分析，全过程可视化，经营预警等丰富的服务内容满足企业管理层面对企业经营分析、决策支持的需求。根据企业管理特点及行业特点搭建丰富的分析主题及指标要素，以管理决策者的思维路径作为分析路径，实现为企业提供决策支持的目的。

红麦舆情系统从自身海量数据库中挖掘客户潜力，提升企业竞争优势。结合自身丰富的数据库资源，为客户提供全方位的咨询服务。服务内容包括数据调研、决策支持、专项研究等。互联网业、房地产业、能源业、快消零售业、制造业、医药业、电信业、政府等是红麦舆情系统应用的优势领域。

4. 谷尼舆情系统

（1）谷尼舆情系统结构

谷尼（Goonie）舆情系依托自主研发的搜索引擎技术和文本挖掘技术，通过网页内容的自动采集处理、敏感词过滤、智能聚类分类、主题检测、专题聚焦、统计分析，实现各单位对自身相关网络舆情监督管理的需要，最终形成舆情简报、舆情专报、分析报告、移动快报，为决策层全面掌握舆情动态做出正确舆论引导，提供分析依据。

（2）谷尼舆情系统指标

①热点话题、敏感话题识别指标

根据新闻来源的权威度、发布内容密集程度等参数，识别出给定时间段内的热门话题。利用内容主题词组和回帖数进行综合语义分析，识别敏感话题。

②舆情主题跟踪指标

利用网络舆情监控分析系统分析新发表文章、帖子的话题是否与已有主题相同。

③自动摘要指标

对各类主题、各类倾向能够形成自动摘要。

④舆情趋势分析指标

分析某个主题在不同的时间段内人们所关注的程度。

⑤突发事件分析指标

对突发事件进行跨时间、跨空间综合分析，获知事件发生的全貌并预测事件发展的趋势。

⑥舆情报警系统指标

对突发事件、涉及内容安全的敏感话题及时发现并报警。

（3）谷尼舆情系统应用

①热点话题、敏感话题识别

可以根据新闻来源的权威度、发布内容密集程度等参数，识别出给定时间段内的热门话题。利用内容主题词组和回帖数进行综合语义分析，识别敏感话题。

②舆情主题跟踪

分析新发表文章、帖子的话题是否与已有主题相同。根据文档内容间的相关程度进行分组归并。聚类不需要类别及相关训练样本，就可以发现当前舆论焦点，或者查找相关文档。

通过对同一个阶段搜索到的大量信息进行聚类，发现当前关于什么类别的文章数量更多，哪些信息之间的关系更紧密，可以很直观地了解到当前舆论的焦点，以及各个舆论点之间的联系紧密程度。

③自动摘要

对各类主题、各类倾向能够形成自动摘要。让用户在查看搜索结果时，无须点击进入每一个搜索结果去了解具体内容，就可以自动在搜索结果条目下显示摘要信息。这些摘要帮助用户迅速了解搜索结果的主要内容，从而提高工作效率。

④舆情趋势分析

分析某个主题在不同的时间段内人们所关注的程度。

⑤突发事件分析

对突发事件进行跨时间、跨空间综合分析，获知事件发生的全貌并预测事件发展的趋势。

⑥舆情报警系统

对突发事件、涉及内容安全的敏感话题及时发现并报警。

5. 百度舆情系统

（1）百度舆情系统结构

百度舆情系统面向传统媒体和新媒体行业，针对内容生产、观点及传播分析、运营数据展示等业务场景，结合云方案，提供新闻线索发现、热点新闻预测、网民观点分析、新闻传播分析、运营监控等服务，帮助媒体行业实现大数据转型。

（2）百度舆情系统应用

通过大数据能力抓取的第三方公开数据，融合百度独家数据，帮助传统媒体与新媒体更加了解受众喜好、传播效果。助力媒体生产高质量内容，执行高效率传播方案，并配以简单方便的可视化工具，使媒体数据大屏以低门槛、高效率方式广泛应用。

①新闻线索发现

利用舆情对互联网公开信息进行收录的能力，在指定媒体源追踪新闻热点，帮助从业人员快速了解第一手的新闻线索，并及时将热点趋势推送给节目组进行新闻采编。

②网民观点分析

通过覆盖互联网等各方面渠道来源、跟踪定位热点新闻事件、全面聚合和分析网民网络言论，获取各类网民观点和态度。

③新闻传播分析

对不同媒体渠道上的新闻传播情况进行长期追踪和全面对比，助力媒体选择优质渠道进行传播发声，帮助媒体更高效地提升影响力。

④热点新闻预测

利用先进的大数据处理能力，对过往热点事件进行分析，基于热点传播模型，预测即将成为热点的新闻线索，并及时推送给节目组进行新闻采编。

⑤融媒体指挥大屏

落地融媒体方案，支持业务指挥所需要的重点内容展现形式和多样化的可视化展示形式，配合软硬件达成"一站式"整体解决方案，便于各层级管理人员更直观地了解信息。

⑥协同搭建媒资库

基于大数据和百度强大的云存储功能，汇集与生产对象相关的互联网公开信息，整合数据资产，为后续大数据运营提供基础支撑。

6. 新浪微舆情系统

（1）新浪微舆情系统结构

新浪微舆情又名新浪微热点，新浪微舆情系统符合政府及企业日常工作流程，可以为用户提供各种服务：能够及时发现敏感信息，可提供各级预警和报警服务；微博官方为用户提供第一手数据，实现 7×24 小时无间断监测；在第一时间捕获用户的正、负面信息，实时把握微博舆论导向；具有多角度、多模型的强大分析能力，可从海量信息中准确提取有效数据；具有独创的事件分析功能，可迅速找到事件传播节点，分析传播趋势，提供相关案例供用户参考，使用户面对复杂舆情事件时做到心中有数；其沟通功能给用户提供了辟谣和沟通手段，并可管理各类人群。

新浪微舆情系统核心功能包括全方位的分析报表展示功能，多角度、多层次展示信息特点，揭示数据规律，预判所收集舆情信息的未来走势。

（2）新浪微舆情系统指标

①事件趋势指标

事件趋势是指该时间段内分时段的微博参与度变化走势。

②微博传播指数

通过智能计算，可完整呈现某条微博的传播情况，包括其传播路径、关键传播者、引爆点、转发层级、覆盖人数、人物画像、热门转发微博等。

③热点词指标

利用自然语义分析法，对热点事件中所提及的关键词进行分词聚合，呈现出被提及频次最多的关键词；字号越大的词组，被提及频次越多。

④敏感词分析指标

根据中文语义分词技术，结合机器学习，通过输入人工标注学习训练语料方式，提高研判模型的准确度；通过词距、词序、词频计算并按权重打分，再根据模型训练结果的判定标准对内容进行情感判定。

⑤意见领袖指标

意见领袖是指参与某事件传播的微博用户中，影响力最大（即粉丝量最多）的"活跃分子"。

⑥核心传播人指标

核心传播人指在某事件的传播中，发布或转发相关微博数量最多的微博博主。

⑦热门信息指标

热门微博是按热点事件中转发频次排序的原创微博；热门转发是按热点事件中引起二次转发频次排序的被转发微博。

⑧传播途径指标

根据事件传播脉络的时间节点展示关键传播的微博信息。

⑨表情分析指标

表情分析是指对某微博事件的转发、评论文本进行自然语义分析后，进行情绪倾向判断。

⑩评论分析指标

对某事件微博传播中的网民评论进行抽样聚类分析后得出的结果。

⑪博主分析指标

根据对某事件发布微博的所有博主在操作时的 IP 地址所进行的异域统计。

⑫受众分析指标

包括性别、年龄、兴趣爱好、地域分布（海内外）、所属行业。

⑬水军分析指标

根据水军研判模型，基于"微博原创、转发比例"、"用户关注度、粉丝数比例"、辅助"微博用户活跃频次"等因子进行综合计算打分，结合"水军"特征行为数据分析，进行"水军"判断。

⑭传播分析指标

包括媒体传播分布、用户传播分析、网民的传播关系。

（3）新浪微舆情系统应用

新浪微舆情系统主要从舆情事件分析、微博传播分析、文本挖掘、全网事件分析、评论分析、微博情绪等方面进行应用。

①舆情事件分析

根据对某一事件、人物、品牌、地域等所配置的事件分析方案，从微博平台采集并提取相关信息，并按其传播路径、热门信息、意见领袖等多个维度进行自动分析，并用图表形式呈现分析结果。（可分析距当前时间一年以内的数据）

②微博传播分析

在输入某条微博地址后，系统通过智能计算后呈现出其传播路径、关键传播者、引爆点、转发层级、覆盖人数、人物画像、热门转发微博等，以完整呈现此条微博的传播情况。

③文本挖掘

由新浪微舆情提供语义技术支持，对输入的文本进行高频词分析、关键词提取，以及关键词云和关联词的可视化展示，还可以为用户提供多种自定义设置，包括分词模式选择、自定义停用词、自定义词典、自定义中心关键词等。

④全网事件分析

根据针对某一事件、人物、品牌、地域等所配置的监测方案，从新闻媒体、微博、微信、客户端、网站、论坛等互联网各个平台采集并提取相关信息，可分析据当前时间一年的 200 万条数据，并按其传播路径、关键词云、发展态势、媒体观点和网民观点等多个维度进行自动分析，并用图表形式呈现分析结果。包括事件传播路径、关键词与关联词分析，针对某一事件对网民观点与微博观点进行分析。

⑤评论分析

目前支持分析新浪网、凤凰网、网易新闻、奥一网、腾讯网、人民网以及财经网七大网站的新闻类事件的评论，多维度展示新闻事件的评论态势。

⑥微博情绪

对热点事件微博情绪进行分析展示。

7. 腾讯云舆情系统

（1）腾讯云舆情系统结构

文智公众趋势分析（Public Opinion Analysis，POA）是基于全网数据采集，结合大数据处理能力，利用自然语言处理技术针对不同行业进行个性化定制的服务，为用户提供突发事件、热点发现、热点专题分析、监测预警、定期报告等功能，帮助用户实时掌握时事热点及行业动态。

（2）腾讯云舆情系统指标

①热点专题分析指标

自动聚类相关热点，并对热点的热度、影响力、参与者、传播脉络、话题主体及观点进行梳理，清晰地还原与关注主体相关热点的来龙去脉，以及帮助用户找出舆情处置中的一些关键节点。

②口碑分析指标

获取网民针对主体的相关观点及评价，判断观点的正负面倾向，识别网民的情绪分布，聚类分析关注主体的主要网民的代表观点。

③价值量化指标

根据关注主体的热度、口碑和行业基本面信息，对其进行价值量化，衡量标的物的投资价值、量化内容和品牌营销策略。

④负面预警指标

根据行业、地域和个体信息，对有可能造成影响的互联网信息进行管理，收集网民反馈，及时与网民沟通，不断提升自身的服务水平及品牌能力。

⑤主体分析指标

构建相关主体的关联词及知识，包括热词、人名、机构名、地名等。

（3）腾讯云舆情系统应用

①政府

帮助有关部门了解网民心声，广开言路，在政策实施及热点爆发中，真实了解群众诉求。做到以人民群众根本利益为基准，全心全意为人民服务，不断地提升自身的服务质量和群众满意率。

②传媒

通过互联网信息采集和大数据分析技术，提供全面、快速、便捷的新闻线索；帮助用户挖掘互联网热点和协作选题决策机制；革新媒体行业采编发流程；帮助媒体人掌握其他媒体及网民观点；拥有全方位的选题洞察能力，为选题决策提供支撑。

③金融

通过互联网信息采集和大数据分析技术，量化标的物投资价值，审视舆论风险和网民态度，减少投资决策风险，提升企业盈利和风控水平。

④旅游

倾听游客声音，通过大数据分析，了解游客在出行、选择景点类型、餐饮、服务等方面的相关需求，并获得用户关于景点的各方面反馈，提升旅游服务的体验。

⑤医疗

通过互联网了解患者、倾听患者，构建和谐医患关系。收集患者对医院、药品等的反馈，并针对患者的负面反馈信息建立快速的沟通机制，维护患者的权益，提升医院的服务水平。

⑥电商

帮助电商了解目标用户，分析用户对商品的评价内容，追踪产品质量、物流、售后等各方面的用户反馈，不断优化各环节，提升产品和服务的竞争力。

⑦游戏

洞察游戏行业趋势，了解游戏用户需求，收集用户反馈，定位游戏问题，提升游戏品质，弥补游戏漏洞等给用户和企业带来的损失，使游戏产品的研发和运营紧贴用户需求，获得更好的市场收益。

8. 阿里云舆情系统

（1）阿里云舆情系统结构

阿里云舆情系统（公众趋势分析）基于全网公开发布数据、传播路径和受众群体画像，利用语义分析、情感算法和机器学习等大数据技术，识别公众对品牌形象、热点事件和公共政策的认知趋势。对网上突发信息可完成从发出到采集、分析、告警和推送一系列流程。

这套架构在存储层面全部基于 Tablestore（表格存储），一个数据库解决不同存储需求，根据之前舆情系统的介绍，网页爬虫数据在系统流动中会有四个阶段，分别是原始网页内容、网页结构化数据、分析规则元数据和舆情结果、舆情结果索引。利用 Tablestore 宽行和 schema free（模式自由）的特性，将原始网页和网页结构化数据合并成一张网页数据。网页数据表和计算系统通过 Tablestore 新功能通道服务进行对接。通道服务基于数据库日志，数据的组织结构按照数据的写入顺序进行存储，正是这一特性，赋能数据库具备了队列流式消费能力，使存储引擎既可以具备数据库的随机访问，也可以具备队列的写入顺序访问。分析规则元数据表由分析规则、情感词库组成，对应实时计算中的维表。

（2）阿里云舆情系统指标

①热点词指标

利用自然语义分析法，对热点事件中所提及的关键词进行分词聚合，呈现出被提及频次最多的关键词；字号越大的词组，被提及频次越多。

②敏感词分析指标

根据中文语义分析技术，结合机器学习，通过输入人工标注学习训练语料方式，提高研判模型的准确度；通过词距词序词频计算并按权重打分，再根据模型训练结果的判定标准对内容进行情感判定。

③核心传播人指标

核心传播人是指在某事件的传播中，发布或转发相关微博数量最多的微博博主。

④热门信息指标

热门微博是按某事件中转发频次排序的原创微博；热门转发是按热点事件中引起二次转发频次的转发微博。

⑤传播途径指标

根据事件传播脉络的时间节点展示关键传播的微博信息。

⑥表情分析指标

对某微博事件的转发、评论文本进行自然语义分析后，所进行的情绪倾向判断。

⑦评论分析指标

对某事件微博传播中的网民评论进行抽样聚类分析后得出的结果。

⑧受众分析指标

包括性别年龄、兴趣爱好、地域分布（海内外）、所属行业。

⑨水军分析指标

根据水军研判模型，基于"微博原创、转发比例"、"用户关注度、粉丝数比例"、辅助"微博用户活跃频次"等因子进行综合计算打分，结合"水军"特征行为数据分析，进行"水军"判断。

⑩传播分析指标

包括媒体传播分布、用户传播分析、网民的传播关系。

（3）阿里云舆情系统应用

①热词分析

通过直接在页面的搜索框中输入热门词汇进行分析。系统在首页会默认显示当前热词，直接点击图标即可进入。

在"热度趋势"图标中点击关联词语，可以搜索与搜索词相对应的舆情信息。点的远近表示和搜索词的关联度，点的大小表示关键词的热度。在结果中，系统对分析的结果标注情感值，用户可以通过情感分类和来源媒体过滤关注的内容。

②事件分析

用户可以在输入框中输入要关注的事件，并选择进行分析，如果希望分析的事件未显示，系统可能未收录该事件。分析结果分为：事件简介、事件脉络、关联事件、热度趋势、舆情列表态度。如果希望了解关联事件，可以点击"关联事件"图标，以及通过舆情态度、来源渠道等对舆情信息进行过滤。目前媒体传播路径分析主要是支持微博的转发路径分析，其他媒体路径分析敬请期待。

③舆情分析

首次进入"公众趋势分析"管理控制台，需要为分析对象配置监控关键词。分析对象可以是一个企事业单位、一次事件、一款产品、一项业务或一个公众人物等，可以用监控一个或多个关键词组合。系统后台将采集包含这些关键词组合的文章内容，进行汇总分析。后续一些统计图表也将主要针对监控关键词和关键词组合进行分析。

a. 添加关键词

在控制台首页，新用户点击左边菜单"舆情分析"即进入引导添加关键词和关键词组的相关页面。

已经设置过关键词的老用户点击左边菜单"舆情分析"即进入关键词和关键词组相关的舆情概览、舆情列表，以及舆情配置。在右上角点击"添加关键词"按钮，即可继续添加关键词。

配置好关键词后，即可在控制台"舆情分析"看到针对抓取的内容提供的一系列分析报表，让用户对舆情趋势、热点、渠道来源等一目了然。

b. 舆情来源分析

"源站类型分析"统计了抓取舆情的站点来源，如微博、论坛、新闻媒体等，让用户可以了解到该类专题或关键词的主要渠道来源。

c. 舆情态度分析

"情感分析"是根据抓取的内容提取出关键词，并输入情感分析模型中计算得到的分值，让用户可以了解到大众对该类专题或关键词的舆论的情感倾向。

d. 舆情及情感趋势分析

这两种趋势分析展现的是所选中时间范围内每天抓取的舆情数量，以及在此基础上情感分析模型计算的情感值，可以让用户快速抓住舆情的发展及情感态势变化。

（4）媒体传播路径分析

在控制台首页，点击左边菜单"媒体传播路径分析"即进入分析管理界面。

微博分析有几个重要的分析模块，分别是转播账号及路径分析、转发趋势分析、用户属性及情感分析。转播账号及路径分析，主要是分析转发的微博关键账户，再次转发次数，转发层级和路径。转发趋势分析主要是指在某条微博发布后分析其被转发的趋势情况，即用户关注度的变化情况。用户属性及情感分析，主要是对用户地域、用户性别、用户类型及水军比例等进行分析。

第四章 中国科协科技人才评价研究

一、研究背景

目前，科技界常用的人才评价标准有两个：一是产出高端，即在 SCI（《科学引文索引》）收录的期刊上发表论文，包括在顶级期刊（CNS）与高影响因子（IF）期刊上发表论文；二是学术出身所具有的耀眼光环。现在，各类科研机构与个人都对第一个标准趋之若鹜。众所周知，SCI 论文并不能保证成果一定是最重要的，这类案例在科学史上比比皆是。比如孟德尔（1822—1884 年），把多年基于豌豆实验所得出的遗传定律发表在不知名的修道院的会刊上，按照今天的观点看，孟德尔发表文章所在的刊物，既没有名气，影响因子又低，但是，没有人否认孟德尔工作的重要意义。再比如大家都熟悉的爱因斯坦于 1905 年发表相对论的那家德国期刊《物理学年鉴》，目前其影响因子在 3.2 左右，但没有人否认爱因斯坦狭义相对论对科学里程碑式的贡献。诺贝尔奖获得者的事例同样可以证明这个道理。如 2008 年获得诺贝尔化学奖的下村修，其发表的几篇重要论文所在刊物的名气都不是很大，影响因子也都不高，但这些成果同样是划时代的。2015 年诺贝尔生理学或医学奖获得者屠呦呦教授的成果发表在《科学通报》上，同样《科学通报》也是"双非刊物"。顶级期刊与一般期刊，高 IF 与低 IF 期刊都不会影响成果本身的价值与意义，期刊的本质就是知识传播的载体，所不同的只是传播的效率而已，而影响因子是可以操控的。从这个意义上说，过度迷恋顶级期刊与高 IF 期刊其实并没有多少过硬的事实依据，只是一种长期以来形成的群体认知习惯而已。学过科学社会学的人都知道，科学界为了获得优先权，往往会率先发表成果。此时刊物的重要性将成为次要的考虑，而发表速度则成为第一考量因素。很多人都意识到了评价体系有问题，但是在没有发现更好的替代方案之前，老办法仍然会为人们提供一种确定性，仍将长期存在。

对于整个社会而言，科技界是一个非常陌生的领域，人们并不知道如何评价科研成果，他们相信科技界是公正的、聪慧的，因此，接受他们的评价方法是尊重科学的表现。公众从最初的被动接受演变为无反思的认可，这种转变意义重大。因此，这套评价模式之所以能被大多数人接受、获得合法性，除了科技界的大力推行之外，还与整个社会的接受与认同有关，从这个意义上说，对顶级期刊与高 IF 成果的推崇是科技界与整个社会全力促成的结果。这种局面一旦形成，若想放弃，就不是任何单独一方所能完全掌控的，由此科技界被迫陷入路径锁定现象。

人才鉴别之所以难，是因为在用人单位（雇主）和人才之间存在巨大的信息不对称现象。雇主不知道人才的真实情况，对发表记录与影响因子的检查可以静态地消除掉一些缺失信息，这也是雇主迷恋顶级期刊与高 IF 成果的内在缘由之一。另外，对于学术能力的评价，缺乏具有普适性的判决性实验（即通过一个事例就能充分判断出某人能力的实验）。发达国家通过采用长聘机制，利用较为充裕的时间去发现人才的能力，合格者给予终身教职。这种方式可以较好地避免顶级期刊与高 IF 成果对于评判所造成的"短期噪声"影响，使研究人员能够相对安心地投身于科研。由于中国科技起步较晚，在人才评价方面存在先天的经验储备不足现象，在追赶与赶超的驱动下，目前我国流行的模式是"人才＝学术出身＋学术能力"（顶级期刊与高 IF 成果）。这种模式看起来很完美，但是其内在运行机制完全不同，导致科技人员必须去追求热点与"短平快"的研究，否则会被短时（甚至瞬时）的评价体制淘汰掉。很显然，这种模式无法培养科研人员的长期耐心与钻研精神。从 2008 年开始，我国科研论文产量长期高居世界第二，但真正具有原创性的研究极少，整体创新能力也未见快速提升［中国在 2018 年全球创新指数（GII）排名中位列 17 名，第一次进入前 20 名］。这可以看作长期缺乏自己的问题域，以及盲目跟风与追求热点的必然结果。因此，我们应当重新构建科学人才评价体系，基于现实国情，从身边问题出发，从"由应用引发的基础研究"处切入，提升我国科技创新的能力。

二、科技人才的概念及特征

科技人才是指有品德有科技才能的人、有某种特殊科技特长的人，是掌握知识或生产工艺技能并有较大社会贡献的人。1987 年出版的《人才学辞典》上曾对"科技人才"做出如下界定："科学人才和技术人才的略语。是在社会科学技术劳动中，以自己较高的创造力、科学的探索精神，为科学技术发展和人类进步做出较大贡献的人。"

（一）科技人才的特点

科技人才是一种广义的、抽象的、与时俱进的，随人们对品德、知识、才能理解的变化而变化其特征的动态概念。科技人才是知识型人才，是具有自我驱动能力与独创性的个体。一般来说，科技人才表现出如下四种特点。

（1）探索性：科技劳动的任务在于揭示事物运动的客观规律，科技工作的过程是向未知领域进行探索的过程。只是自然科学的探索与物质生产的探索有所区别罢了。

（2）创造性：探索是创造的前提，创造是探索过程中的发现和发明，是探索的结果和落实，是探索质变性的发展。

（3）精确性：科技劳动的精确性是正确认识客观事物的基础和前提，它表现为观点的精确，实验的精确，材料的精确，数据的精确，概念、判断、推理的精确，结论的精确等。

（4）个体性与协作性：在科技劳动中，存在着个体劳动和集体协作的方式。个体劳动是指个人的独立思考、独立钻研、独立创造。规模较大的科学研究绝不是个人单枪匹马所能胜任的，科技人才在分工协作中，可以互相启发、深入探讨，促使集体智慧的发挥。

（二）科技人才具备的特质

科技人才，除了要有系统的基础知识，良好的基本训练和专业理论知识，以及进行科学实验的实际操作能力外，还需要一些特殊条件。简单地说应该具备以下六个方面的特质。

（1）要有敏锐的观察能力。

（2）要有丰富的想象力和理论概括能力。

（3）要有探索未知的热情，一个有创新精神的人，永远不会满足于自己已有的知识和结论，只有敢于打破成规，向权威挑战的人，才能在科学上有所作为。好奇心、求知欲是科技人才最宝贵的品质。爱因斯坦说过："我没有什么特别的天赋，我只有强烈的好奇心。"科学上的好奇心是创造的源泉。

（4）要有坚韧不拔的意志，科学技术劳动是艰苦的，科学的道路从来都不平坦。一个科学技术人才，首先要迎接的不是成功而是失败的挫折，因此，必须有多次失败的思想准备和百折不挠的意志。

（5）要有良好的科学道德，科学绝不是一种自私自利的享乐。一个科技人才所追求的目标，首先应是科学真理，力争做出成就，为国争光，为人类谋幸福，而不是追求个人名利。高尚的道德品质是科技人才成长的重要的内在因素。

（6）要有科学态度和求实精神。科学最讲实事求是，任何弄虚作假都是对科学精神的背叛。科学态度和求实精神是科技人才探求真理的先决条件。

三、构建科技人才评价的基本原则

科技人才评价是科技人才发展体制机制改革的重要组成部分，是科技人才资源开发管理和使用的前提，直接决定着用人导向和广大人才的努力方向，人才评价结果是人才选拔、任用和激励的主要依据。长期以来，科技人才发展体制机制改革一直处于探索发展中，科技人才评价机制在发现使用与培养激励人才上发挥了非常重要的作用。但当前，科技人才评价机制仍存在用人主体单位自主权落实不够、评价社会化程度不高、评价标准单一、评价手段趋同、分类评价不足等问题，尤其是不同科技人才评价"用一把尺子量到底"等做法受到社会的广泛关注。

（一） 制度建设

党中央、国务院高度重视我国科技人才评价体制机制改革工作，党的十九大提出，人才是实现民族振兴、赢得国际竞争主动的战略资源。习近平总书记强调，要发挥好人才评价"指挥棒"作用，为人才发挥作用、施展才华提供更加广阔的天地，要扭转不科学的教育评价导向，坚决克服"唯学历、唯职称、唯论文、唯奖项"的顽瘴痼疾，从根本上解决教育评价"指挥棒"问题。教育部、科技部等部门也曾相继印发文件（见表4-1），着力破除"四唯"顽瘴痼疾。

表4-1　2016年以来国家印发的人才评价机制政策

时间	标题	文号	发文单位
2016年3月21日	关于深化人才发展体制机制改革的意见	中发〔2016〕9号	中共中央
2018年2月26日	关于分类推进人才评价机制改革的指导意见	中办发〔2018〕6号	中共中央办公厅、国务院办公厅
2018年7月3日	关于深化项目评审、人才评价、机构评估改革的意见	中办发〔2018〕37号	中共中央办公厅、国务院办公厅
2019年6月11日	关于进一步弘扬科学家精神加强作风和学风建设的意见	中办发〔2019〕35号	中共中央办公厅、国务院办公厅
2020年2月18日	关于规范高等学校SCI论文相关指标使用 树立正确评价导向的若干意见	教科技〔2020〕2号	教育部、科技部

（1）2016年3月21日，中共中央印发了《关于深化人才发展体制机制改革的意见》。着眼于破除束缚人才发展的思想观念和体制机制障碍，解放和增强人才活力，形成具有国际竞争力的人才制度优势，聚天下英才而用之。创新人才评价机制，突出品德、能力和业绩评价。制定分类推进人才评价机制改革的指导意见。改进人才评价考核方式。发挥政府、市场、专业组织、用人单位等多元评价主体作用，加快建立科学化、社会化、市场化的人才评价制度。改革职称制度和职业资格制度。

（2）2018年2月26日，中共中央办公厅、国务院办公厅印发了《关于分类推进人才评价机制改革的指导意见》。人才评价是人才发展体制机制的重要组成部分，是人才资源开发管理和使用的前提。建立科学的人才分类评价机制，对于树立正确用人导向、激励引导人才职业发展、调动人才创新创业积极性、加快建设人才强国具有重要作用。

（3）2018年7月3日，中共中央办公厅、国务院办公厅印发了《关于深化项目评审、人才评价、机构评估改革的意见》，以树立正确评价导向、净化科研风气、优化科研生态为目标取向，加快建立以科技创新质量、贡献、绩效为导向的分类评价体系。不将论文、外语、专利、计算机水平作为应用型人才、基层一线人才职称评审的限制性条件，使人才称号回归学术性、荣誉性本质。

（4）2019年6月11日，中共中央办公厅、国务院办公厅《关于进一步弘扬科学家精神加强作风和学风建设的意见》，以塑形铸魂科学家精神为抓手，切实加强作风和学风建设，积极营造良好科研生态和舆论氛围，增强"四个意识"，坚定"四个自信"，做到"两个维护"，争做重大科研成果的创造者、建设科技强国的奉献者、崇高思想品格的践行者、良好社会风尚的引领者。大力宣传"科学家精神"，大幅减少评比、评审、评奖，破除"唯论文、唯职称、唯学历、唯奖项"倾向。

（5）2020年2月18日，教育部 科技部《关于规范高等学校 SCI 论文相关指标使用 树立正确评价导向的若干意见》，规范各类评价工作中 SCI 论文相关指标的使用，鼓励定性与定量相结合的综合评价方式，探索建立科学的评价体系，引导评价工作突出科学精神、创新质量、服务贡献，推动高等学校回归学术初心，净化学术风气，优化学术生态。重构科研评价新机制，建立健全分类评价体系，完善学术同行评价，优化职称（职务）评聘办法，扭转考核奖励功利化倾向。

（二）基本原则

合理的科技人才评价体系有利于创造宽松的创新环境，激发广大科技人才的科研热情与科研创造力，激励科技人才勇于从事原创性基础研究，促进科技成果的数量与质量不断提高等。所以，尽快建立公正、合理、完善、科学的科技人才评价体系是当务之急。

1. 人才分类科学评价原则

科研是一个复杂的系统，科研人员也各有不同的特长与优势，在教学、科研、社会服务中发挥的作用也各不相同，理应针对不同类型人员制定差异化的评价标准。把学术能力所针对的研究对象拆分成三类：原始基础性研究、应用性研究与发展性研究。对于从事原始基础性研究的个人与单位仍然允许他们追求顶级期刊与高 IF 成果，但是要突出原创导向，推行同行评议制度，注重文章的质量、贡献和影响。对于那些从事应用性研究的个体与机构则让他们以解决实际问题为主，不以论文和影响因子作为考评指标，而应更加注重应用技术开发和成果导向评价，以及关注科研人员的个体成长及其在科研过程中的潜在贡献。对于从事发展性课题研究的个体与机构，则让他们主要是以课题方向上趋向研究项目的前途作为考评指标，更加注重考虑科研课题发展前途、推广价值、普遍意义及可持续性，以此为基础，考察是否能够衍生出新的研究领域和相关新课题。

2. 定性与定量相结合原则

定性与定量相结合的综合集成方法的实质是把专家体系、信息体系与知识体系，以及计算机体系有机结合，构成一个高度智能化的人机结合体系。定性学术评价主要是通过同行专家进行相互评价，同行专家的定性评价可以科学把握科研成果的创新本质，同时更全面地评估新成果在学科发展中的历史地位。定量学术评价主要从学术成果的外在表现来评价其社会影响，例如论文的数量、发表论文的刊物级别、发表刊物的影响因子、引用次数等，这些外在数据比较客观地评价了成果的创新性和影响力。学术成果应该是质和量的统一，学术评价需将定性与定量相结合，形成综合的评价体系。这样既能发挥同行专家的定性优势，又能发挥大数据、人工智能对数据的采集、计量和评估的定量优势，进而实现人机结合。

四、"SCI 至上"形成的原因与影响

（一）SCI 的诞生和演化史

相比经济的全球一体化进程，科研更早实现了全球一体化，科技竞争力已经成为国家竞争力的最重要组成部分。为此，国家 R&D（研究与试验发展）总支出不断攀升，与此共生的是数量庞大的科技人员队伍和海量的科研成果（论文）。科研论文可以说是最早出现信息爆炸现象的领域。信息筛选是信息社会里必不可少的要求和一种能力，选择一种合理的筛选机制，帮助科研人员在海量的文献中节省检索时间、快速识别高价值的文献素材成为推动科技进步的关键要素。为此，1955 年，美国宾夕法尼亚大学结构语言学博士尤金·加菲尔德（Eugene Garfield）第一次在《科学》（Science）杂志上提出了"引文索引"的设想，即提供一种文献计量学的工具来帮助科学家识别感兴趣的文献。

到 1964 年开始，SCI 才正式诞生。SCI 是应引文分析的需要而出现的。引文分析就是统计一篇论文发表后被多少其他论文引用。然而，引文分析产生了始料未及的后果，其应用范围不断被扩大和延伸，不但被

广泛用于评价科学研究的影响和质量，而且用于确立科学家的学术重要性或在学术界的声誉。引文分析也成了各类学术排行榜的一个重要指标。例如，美国国家研究理事会（National Research Council）在衡量美国大学博士专业质量或声誉时，就将它作为所在系教授的研究质量指标之一。科学社会学家乔纳森·科尔（Jonathan R. Cole）曾任哥伦比亚大学教务长多年，审核过 400 多例终身教职的案例。据他回忆，其中 1/3 案例提供了引文数。

1957 年，罗伯特·默顿（Robert K. Merton）教授以《科学发现的优先权》为题，在美国社会学会年会上作会长演讲；1938 年以《17 世纪英格兰的科学、技术与社会》的论文从哈佛大学获得社会学博士学位。随后默顿教授的学生，社会学家科尔兄弟提出一个著名的问题：科学家的知名度是由什么决定的？在确定知名度方面，科学出版的数量和质量哪个更重要？

耶鲁大学的科学史家普赖斯（Derek J. de Price）的《小科学，大科学》一书中在考察科学的发展时，选择了一系列指标来衡量科学的产出和各学科领域的知识增长率。他假设，科学增长符合"逻辑增长曲线"——科学文献中的很大一部分是由一小部分科学家所贡献，从而引入了科学家群体的引文和大样本等指标。显然，普赖斯是将这些指标作为"因变量"来解释科学增长的。

科尔兄弟则更对科学家的学术生涯、创造力和所受到的社会承认等社会学问题感兴趣，尤其想弄明白科学的创造力为什么会有差异，科学上的奖励是否主要是由质量来确定的。也就是说，科尔兄弟试图将科学产出看作"解释变量"。就在寻找解释创造力差异的稳定指标时，科尔兄弟了解到，加菲尔德已经编成了 1961 年和 1964 年两年的 SCI。于是，科尔兄弟把 SCI 拿来做重要的研究工具。尽管加菲尔德是哥伦比亚大学毕业生，而且哥伦比亚大学的科学社会学家们在 SCI 刚问世时使用了 SCI 的数据，无形中支持了 SCI，并为 SCI 做广告。科尔兄弟收集了在 1959—1963 年授予两个博士学位以上的 86 个美国大学物理系的物理学家的名单，一共 2079 人，并从《美国科学人名录》中收集这些物理学家的学术生平，从《科学文摘》（*Science Abstracts*）中找出他们的文章数，从 SCI 中收集他们的论文引文数。随后，科尔兄弟根据这些物理学家的年龄、所在学校、产出和获得奖励等分层，随机挑选出 120 名物理学家。最后，科尔兄弟向 2079 名物理学家发问卷，向他们了解是否熟悉这 120 名物理学家的工作或者听说过他们的名字。科尔兄弟试图用这些物理学家所在系的知名度、科学创造力的水平、研究的质量、是否获得过特殊荣誉、年龄和其他有可能导致科学家获得承认的变量之间的关系，来解释这 120 名物理学家得到承认的差异。他们指出，仅仅用论文数来衡量科学产出会产生误导，因为这么做忽视了论文"质量"这个关键变量，他们第一次提出用科学家论文的引文数来衡量其研究的质量和影响。

科尔兄弟选用每个物理学家引用最高的 3 篇论文的引文数，以此为质量指标。由于物理学的贡献往往不是由一篇论文所决定的，所以他们使用了一年内发表的论文总数。引文数经过加权才有意义，即给引用以前发表的论文的引文数以较大的权重。在比较不同时期的工作时，他们对引文数做标准化处理，还剔除了自引。科尔兄弟特别提到，不能跨学科、跨领域来比较个别科学家的引文数。即使在同一学科，由于领域的大小不同，而科学家的领域又通常较难确定，尤其是当一个科学家的工作横跨多个领域时，比较他们的引文数也是没有意义的。即使在同一个领域，引文数的多少也不见得能说明科学家工作的影响大小和质量高低。

（二）SCI 引入中国的历史及对中国科研进步的作用

1985 年，《中共中央关于教育体制改革的决定》要求"对高等学校的办学水平进行评估，对成绩卓著的学校给予荣誉和物质上的重点支持，办得不好的学校要整顿以至停办"。为响应这一要求，1987 年起，中国管理科学研究院、中国科技信息研究所等机构开始用 SCI（《科学引文索引》）、ISR（《科学评论索引》）、ISTP（《科技会议录索引》）和 EI（《工程索引》）收录的中国科技论文，排出各高校和科研单位的学术榜。不过，这些学术榜只是外部机构对高校业绩的一个排名，对高校来说只关乎声誉，并不影响高校内部的学术评价和奖励。在校内学术评价方面，开风气之先的是南京大学。

时任南京大学校长曲钦岳为了提高本校的学术竞争力，从学术激励方面寻找突破。因为与高昂的科研硬件投资相比，人才激励花钱少、成效大。从 1990 年起，SCI 论文发表纳入南京大学物理学院的科研评价，此后又扩展到全校，如规定理工科申报副教授等职称的教师应有数篇 SCI 论文；每发表一篇 SCI 论文，学校给予一定奖励，早期为 100 元；取得博士学位者也要有论文发表。在这项政策鼓励下，从 1992 年到 1998 年，南京大学拿下中国大学 SCI 论文产出"七连冠"。南京大学的这一做法也被中国的大部分高校效仿，成为高校学术评价的常用标准。在此趋势下，中国 SCI 收录论文数逐年上升。

客观而言，从 SCI 引入中国的背景看，能否发表 SCI 收录的论文，在当时是相对客观公正的学术评价标准。而对于高水平学者，则鼓励他们在高影响因子的优秀国际期刊上发表论文，争取论文品质和数量的双丰收。

（三）SCI 在中国被误用

引文衡量的究竟是科学研究的影响还是质量？这是一个颇有争议的问题。加菲尔德和他同事欧文·谢（Irving Sher）曾将那些公认做出过高质量工作的科学家的论文平均引文数，与那些尚未取得这种认可的科学家的论文平均引文数做过比较，结果发现，1962 年和 1963 年的诺贝尔物理学、化学、生理学或医学奖得主在获奖之前的论文引文数大大超过其他科学家。这便是用引文数分析预测诺贝尔科学奖得主之滥觞。

无论是加菲尔德编撰 SCI，还是科尔兄弟运用 SCI 来衡量科学家工作的质量和影响，他们关注的都是引文（citation）。而中国仅仅强调 SCI 论文，即在 SCI 收录的期刊上发表的论文，与 SCI 有关系，但论文和引文是两码事。

根据 SCI 论文来奖励科学家、根据 SCI 论文多少来为学术机构排名，都不是 SCI 的本义。因此，施一公称"在各个单位，不论是晋升还是考量绩效，都会把专利、发表文章、文章的引用数和文章所发表杂志的影响因子作为标准，而且这一风气愈演愈烈。但这几个核心的科技评价指标——文章数量、论文引用率、杂志的影响因子——都可以人为地提高"。因此，论文不足以说明科技实力。

（四）SCI 形成的内卷化问题

当前，我国科学圈里存在这样一个怪异的现状：科研人员在最具创造力的年龄以功利化的方式完成科研工作；当科研人员功成名就后，会基于学术兴趣开展一些真正的科研工作，但是受年龄影响，难以形成一定的成果。

在现有项目经费支持体系下，不鼓励青年学者坐冷板凳和从事具有高风险、高难度的未知科学领域，反而鼓励青年学者将大量的时间、精力投入"短平快"的项目申报和耗费精力的财务报销、项目评审过程中。更为重要的是，人为制造了学术造假的环境，造成我国整个科研环境的内卷化。

五、科技人才评价的国际比较

科技人才评价伴随着科学共同体产生，是科技建制化发展的必然产物。从欧洲的文艺复兴时期到 20 世纪前半叶，科学研究的主要目的是提供公共知识产品，促进人类文明发展，因此主要是科学家的自由研究和相对松散的组织模式。第二次世界大战后，科学研究不仅增加知识存量，对经济复苏、社会进步、国防稳固等国家利益方面产生了积极的影响，国家还加大了对科学研究的资助力度，使科学研究的外部性和基础科研成果的公共品性质越来越强烈，科技建制化机构作用越来越突出。自 20 世纪 80 年代以来，发达国家不断完善科技人才评价法律制度体系，注重科技人才评价的监督评估。科技人才是科技发展的重要基础，是科技创新的第一要素，而科技人才评价是甄别、配置和激励科技人才的重要前提。英国、美国、德国等发达国家不仅在培养和吸引科技人才，加快科技创新步伐方面取得重大成就，而且在科技人才评价方面也积累了丰富的经验。

（一）英国的"发展性评价理念"与剑桥大学的"员工评议与发展计划"

所谓"发展性评价理念"，是指评价者和评价对象通过双向的、积极的、建设性的评议，既兼顾组织目标，又促进评价对象不断发展，最终实现双方共同目标的过程。其内涵主要包括六个方面：

（1）发展性评价是一种积极的、建设性的双向评价方式。

（2）发展性评价是一个交互建构的过程，评价全过程都充分强调组织目标和个人发展的同等重要性。

（3）发展性评价聚焦于评价对象发展潜力和创新能力的动态演进，努力促使其明确未来的具体目标和行动计划。

（4）发展性评价重视评价的过程，着眼于平衡个人抱负、发展诉求和组织目标之间的关系。

（5）发展性评价关注评价对象个体的差异，积极探讨评价对象当前角色和未来职业发展所需的学习和训练机会。

（6）发展性评价注重评价的诊断功能，致力于识别那些阻碍效率的问题和障碍。

文献研究表明，世界主流的发展性评价理念来源于英国。而在英国主流的发展性评价理念中，剑桥大学的"员工评议与发展计划"体系完善、特色鲜明，极具典型性。员工评议与发展计划的优点在于将"提高工作效率，促进职业发展"这一发展性评价理念贯穿于员工评价过程的始终，即通过定期的、积极的、建设性的双向评议，不断激发员工的工作激情，释放员工的工作活力，促进员工职业发展并共同实现组织目标。具体经验是：

（1）聚焦共同发展。通过兼顾员工职业发展和组织目标实现的"双目标"，既调动了评价各方参与的主动性和积极性，也确保了评价实施的常态化和可持续性。

（2）增强双方互信。通过"以发展为中心"的充分讨论和双向评议，既增进了双方互信，充分展现了评价双方的相互尊重与信任，也达成了共识，确保了双方沟通的真实性和有效性。

（3）提供坚实保障。通过建立细致、周到的组织保障和发展保障等人性化保障体系，促进员工职业发展。

（二）美国的"同行评议"与高校终身教授评价

所谓"同行评议"，是指由同一学科领域的专家和学者组成的"共同体"采用一定的标准和程序，对涉及相关领域的某一事物及相关要素进行评估、评价和判断的方法。由于同行评议是一种定性化的评价方式，因此，在评议过程中，评议专家个人的文化信仰、学术水平、经验阅历、心理情境、道德素养等个性因素会对评议产生一定的干扰，但是在"共同体"共同范式的影响下，多个专家的"群体效应""互动协商"能够减少"非共识"出现的可能性，最终实现个人准则与共同准则、局部思维与整体思维、主观因素与客观因素的有效统一，从而在整体上保证评议的科学性和客观性。根据评价者与评价对象之间的了解程度，同行评议的具体操作形式大致可分为单向隐匿（单隐）、双向隐匿（双隐）和公开评议三种。

1930年，美国率先将同行评议这一方法引入科研项目经费的申请评估工作中，并取得了较好的效果，后推广运用到其他领域，成为国际学术界通用的评估评审手段。美国大部分高校都实行终身教授制，对于高校教师是否可以进入终身教职序列，同行评议发挥了重要作用。具体经验是：美国高校的同行评议一般采取外部评议与内部评议相结合的综合评价方式，其中，外部评议一般通过信函的方式将评价对象的资料发送给校外同行专家进行评价，主要采用函评、会评、函评加会评三种方式；内部评议一般由本系终身教授或本系同行教授组成的专门评审委员会进行评价，主要采用同行表格评议、书面问题评议、同行匿名评议三种方式。

（三）德国的"科技人才评价制度"与大学教师聘任制度

20 世纪 90 年代以来，德国修订《移民法》，制定高素质人才引进政策，采取更为积极的移民政策，吸引欧盟国家以外的高技术人才，以解决德国专业人才短缺问题。德国科技人才开发的主要措施包括：改革移民政策，实施绿卡计划和蓝卡制度；开展人才奖励，如莱布尼茨奖、洪堡教席奖、索菲亚·科瓦雷夫斯卡亚奖等奖项闻名世界；培养和吸引优秀青年人才，实施面向研究型高校的"杰出计划"、面向应用型大学的"创新高校"资助计划和面向大学之外科研机构的"研究与创新公约"；保障科研人员自主权，支持其自由独立地从事科学研究活动。在科技人才评价方面，德国遵循动态评价理念，实行"让最优秀的人来领导研究所"的哈纳克原则，开展同行评价，完善专家遴选机制，建立专家回避制度，增加同行专家评价过程和评价结果的公平性。

德国的科技人才评价制度呈现六个方面的特点：

（1）体现科学系统的自我形塑。科技人才评价是科学系统内部的观察和检验，是科学系统通过对科技人才学术行为与学术成果的全面观察，最终实现科学系统对自身的反射性观察（自我认知）与反思性评估（自我反省）的过程。

（2）建立多元化的指标体系。通过实行内部制度化的评价机制，建立多元化的指标体系，科学系统能够对其自身的效率和绩效进行检验和评估，并不断推进科学系统内部的改革和创新。

（3）确立科学的评价标准。科技人才评价作为科学系统内部的观察和评估，必须严格遵守科学研究领域的学术标准和学术规范，避免任何非学术因素的干扰。

（4）采取同行评议的方法。科学系统内部学科和学术研究方向高度分化和错综复杂的特点要求科学系统内部的评价方式只能采取同行评议，而且评议结果可以在科学范围内，按照科学规律进行沟通和复议。

（5）采用制度化的组织机构。现代社会功能系统得以实现的前提条件是独立运行的现代社会机构体系和组织架构，用组织机构替代人为的主观和任意、用制度理性取代人际关系是科技人才评价的必然选择，而且扁平化的评价管理模式可以有效消除固有的评价弊端。

（6）坚持程序正义的原则。科技人才评价只有尊重程序性正义的基本原则，并严格遵守组织化的"程序"，才能保证评审结果的公信力和合法性。

德国的科技人才评价制度在其大学教师聘任中得到具体体现。具体经验是：

（1）评价主体的自主性。在德国，大学享有较高的学术自由和自治权。大学围绕自己的教学和科研定位制定相应的评价指标，确立相应的评价标准，选择客观灵活的评价方法，自主地评聘各类人才。评价多采用内部评价与外部评价相结合的方式，以同行评价为基础，强调对评估专家的多元化选择和专业化匹配，突出评价的学术导向性与实际应用性。

（2）评价标准与评价过程的公开性。公开性是德国科技人才评价的一个显著特点，它保证了广泛的社会监督和程序的合法性。大学一经决定选聘教授，便会在全国专业报刊上刊登广告，并向其他院校及有关专业学会发出选聘信息，基于学术视角在世界范围内选贤，基于学科视角在全球范围内任能，实现广泛遴选和透明操作。

（3）评价条件与评价程序的明确性。科学合理的评价条件是制度构建的重要组成部分。德国大学对教师的选聘有着明确的评聘条件和严格的考核制度，并通过相应的程序实现评价，有比较完整、严格的评价监督机制，并体现在整个评价过程中，以确保选聘教师的"名副其实"。

（4）成果统计的规范性。德国许多大学都建有一套行之有效的教师教学与科研成果统计数据库，它不需要院系或教师个人填报和认定，由专业的管理机构依靠现代信息技术进行维护和管理，具有系统化、规范化、制度化和专业化等特点。

六、科技人才评价的主要路径

为服务国家和人民利益的成果导向，我国在 2000 年颁布了《科技评估暂行管理办法》，进一步完善科技评估制度体系。科技评估不是目的，而是促进科技成果形成的手段。人才评价需要坚持科学技术创新的重大成果导向（原始科学发现和关键核心技术），而不是论文专利或其他成果的表现形式。事实上，科学、技术与工程是平行发展关系，在研究内容、研究方法、组织模式、成果的表现形式上都不一样。重大技术创新的集体攻关以"任务带学科"，基础研究的自由探索以"学科促技术"，不能"一把尺子量到底"，不能以形而上的形式逻辑和确定的技术路线图规划基础科学研究的方式多样性。发挥科技评估的"指挥棒"效应，他山之石可以攻玉，还要兼顾我国国情，坚持科学的导向，采取科学的方法。

科学作为社会建制，科技工作者是一种职业，政府和人民委托开展研究，必然要求定向目标考核和科技成果产出。由国家组织委托的重大科技计划，强化国家使命和人民价值驱动，调配力量集体攻关解决国家战略需求。对于自由探索竞争性的基金类项目，评估以解决定向问题和原创性贡献为导向，重视同行评议。地方科研计划和企业计划的技术成果以解决实际问题，产生经济影响和增加人民福祉为导向。研究成果可以多种形式呈现，基础研究成果包括重大科学发现、重大科学思维贡献；工程技术成果包括重大技术突破、关键核心技术的产业化应用以及衍生科技成果形成的经济社会效应。

（一）坚持工具理性下的分类评估原则

从评估事项和过程来说，主要有人才、项目、机构和事前、事中、事后的评估，分解为科研经费分配和项目评审、研究方向遴选、研究机构竞争力和效益效率评估、成果评价和结题验收等。对机构的评估，不能简单理解为数头衔、数项目、数经费、数论文，而要问一问"科研经费都干了什么"。要把研究机构在科技风险研判和技术预测，承担重大项目计划，推进重大平台建设，产出重大原创性成果，培育会聚一流人才队伍等方面的能力作为考量指标。对项目的评估，也就是对决策支持的评估。申报人的奖项、头衔和职称不作为评选申报评审的唯一依据，应更加注重项目的验收。基础研究，探索技术主义路径的"代表作"和国内外同行评议相结合的制度；工程技术评估，注重重大关键技术问题的解决，把重要知识产权，国际会议邀请报告以及推进中国品牌、中国制造形成重要影响作为参考指标；对重大科技基础设施建设把解决重大科技问题的能力和"卡脖子"问题作为重要指标。

（二）构建自律的科学共同体，发挥评估优势

科研的本质是科学共同体的学术研究和国家建制化集体攻关的使命担当，要注重他律和自律的兼顾和结合。应构建专业性、自律性和自主

性的科学共同体，建设科学共同体的学术公约和学术章程，营造自由的学术环境，打造中国学术流派。违规行为在学界要受到学术惩处，打破熟人社会形成的科研人情圈子。发挥学术委员会和专家顾问委员会在研究的质量水平、方向学科布局、人员职称、科研计划项目、人员头衔和荣誉等评审过程中的关键作用，减少行政权力的过度介入和对微观评估的干预。对集体攻关的科技成果，创新团队集体记功，创新团队对个人的贡献、能力进行认定和推荐。

（三）注重人才能力和实质贡献评估导向

从本质上讲，科技人才评价是科学技术系统内部的一种评价活动，涉及人才职称、头衔和荣誉等，关系人才的使用和个人利益。把职称评定等权限下放到机构组织，由研究机构的学术委员会推荐人才奖项、头衔，评定职称，由行政管理机构认定和履行组织工作程序。按照工作量、创新能力和科技创新贡献推荐和评估。发挥人才头衔和奖项的荣誉性和激励性作用，打破把人才头衔、奖项和论文数量作为人才的"终身制"光环的一贯作风。在引进人才时不简单地以论文、头衔和奖项作为评判依据，而是以代表性科研成果和同行评议作为参考。

七、科技人才评价模型

当前，我国 R&D 投入总规模已经达到世界第二的水平，我国的学术研究也不再是改革开放初期"跟随、模仿式"研究。科学研究的目的已经全面转化为探索未知领域，实现科技综合实力的"追赶超越"。为了实现这一目的，亟须改革科技人才评价方式，全面实现"破四唯"，实现多元化、全面科学地评价科技人才的贡献，使科技人才评价体系成为我国科技进步全面突破的重要抓手。"破四唯"的核心是增加其他科学的人才评价指标,破除"唯学历、唯职称、唯论文、唯奖项"的"四唯"现象,而并非全盘抛弃原有的人才评价体系。对于原有的人才评价体系应当看到其积极的一面,充分发挥原有人才评价体系的优势。同时,增加其他评价方式的权重,全面科学评价科技人才。因此,本研究从科研规律出发,提出了以人才画像为基础的科研人才评价体系基本构想。

(一) 跨学科评价模型

建立科学合理的科研评价体系是优化学术环境的前提,同样也是对科研人员工作成果的一种尊重。2005 年美国加利福尼亚大学圣地亚哥分校的物理学家乔治·赫希(Jorge E. Hirsch)首次在《美国国家科学院院刊》提出了 h 指数,引发了国内外学者的广泛关注。h 指数在提出以后,科学计量学专家和情报学专家对 h 指数进行了深层次的分析,发现了 h 指数的许多不足之处。因此,不少人开始在 h 指数的基础上进行改动,希望新的指数在继承 h 指数优点的同时能解决其缺陷,代替 h 指数成为量化科研人员工作产出的最优指标。许多学者提出了一些 h 指数的衍生指数,其中最为著名的就是 g 指数(本文将其和 h 指数一起作为传统科研评价指标的代表)。

以下是 h 指数和 g 指数的定义:一名科研人员的 h 指数是指其发表的 n 篇论文中有 h 篇每篇至少被引 h 次,而其余的 $n-h$ 篇论文每篇被引均小于或等于 h 次;g 指数是指将论文按被引次数由高到低排序,如果 g 是最大的序号,满足前 g 篇论文累计被引次数(即这 g 篇论文被引频次的和)大于等于 g^2 次,这也意味着前 $g+1$ 篇论文累计被引次数小于 $(g+1)^2$ 次。h 指数和 g 指数看似不同,其实很类似。若将评价对象的所有论文按被引次数由高到低排序,将序号记为 i($i = 1$,2,

3，…），对应第 i 篇论文的被引频次为 c_i，h 指数就是满足 $c_i - h \geq 0$ 最大的 i，即

$$h = \sup\{i|c_i - i > 0\}$$

而 g 指数则是满足 $\sum_i c_i - i^2 \geq 0$ 最大的 i，即

$$g = \sup\{i | \sum_i c_i) - i^2 \geq 0\}$$

从 h 指数和 g 指数的定义中，我们发现，只要 $c_i - i \geq 0$ 一定有 $\sum_i c_i - i^2 \geq 0$，因此 g 指数的数值一定大于 h 指数。h 指数和 g 指数是混合量化指标，能够在一定程度上反映科研人员的工作成果。相比一些单一指标（如论文总被引频次、论文总数等），h 指数和 g 指数综合考虑了论文的被引频次和论文的数量，并且将这二者结合得出一个指标数值，给实际中的科研评估提供了一种可行的方法。在 h 指数的定义中，被引频次较低的论文不在评价结果的考虑范围之内，较高的 h 指数需要依靠较高水平的文章。因此，从这个角度可以说，h 指数体现了一种科研质量的价值取向，是微观科研评价中的一项革命性的指标。g 指数是 h 指数的衍生指数，拥有 h 指数的大部分特征。与 h 指数不同的是，g 指数更加强调高水平论文带来的影响。在 h 指数划定的绩效核内（即《中国基础科学》2017 年第 1 期"科学计量"中划定的 h 篇被引频次不少于 h 次的文章），只要论文被列入考虑范围之中，其被引频次便不再重要。而 g 指数则不然，g 指数强调了高被引频次论文的重要性，高被引的论文可以迅速提高 g 指数的数值。h 指数和 g 指数可以配合使用，以达到对科研人员合理评估。然而，h 指数和 g 指数也存在着很多不足之处，无法完美衡量科研人员的工作绩效。其中最为显著的一点就是它们忽视了学科差异所带来的影响，而这种忽视往往会使得评估的结

果有所偏差，甚至出现错误。

假设某科研人员（单一学科）在 t 时间内一共发表了 n 篇论文，将其所有论文按被引频次由高到低排序，将序号记为 i，论文 i 的被引频次为 c_i（$i = 1, 2, 3, \cdots, n$），论文 i 所在的学科领域内所有学者在 t 时间内平均发表的论文数量为 n_i（对于单一学科的科研人员来说 n_i 的值均相同），该学科领域内所有同年发表的论文的平均被引频次为 $c_0(i)$，则有：

$$i' = \frac{i \times n_i}{n_{tot}}$$

$$c_i' = \frac{c \times c_{tot}}{c_0(i)}$$

其中，n_{tot} 为 t 时间内所有学科领域中全部学者平均发表的论文数量，c_{tot} 为 t 时间内所有学科领域中全部论文的平均被引频次。

注：对于多学科领域都有涉及的科研人员，论文被引量的修正没有问题，但序号 i' 为每个学科的加权平均数：设某科研人员在 S_1 学科发表 x_1 篇论文（该学科下 n_i 的值对应为 N_1），在 S_2 学科发表 x_2 篇论文（n_i 的值对应为 N_2）……在 S_t 学科发表 x_t 篇论文（n_i 的值对应为 N_t）（$1 \leqslant t \leqslant p$），则序号 $i' = \sum_i i \times \frac{N_t}{n_{tot}} \times \frac{x_t}{\sum_t x_t}$。

将评价对象的论文按 c_i' 自高到低重新排序并依次记为 c_i'。

$$h' = \sup\{i' \mid c_i' - i' \geq 0\}$$

$$g' = \sup\left\{i' \mid \left(\sum_i c_i'\right) - i'^2 \geq 0\right\}$$

$$REL = \sum_i \frac{1}{n_i} \times \frac{c_i}{c_0(i)}$$

基于上述模型，我们对来自不同学科的科研人员也可以进行对比，以统一的指标衡量他们的工作成果。

（二）科技人才学术履历画像

科技人才学术履历包含了个人学习经历、工作经历、荣誉头衔、项目研究经历等。一般而言，学缘结构多元化、师承层次高、项目研究经历丰富的学者，更容易被学术共同体接受，也更容易积累充足的学术人脉和学术研究经验，更有利于开展学术研究。该指标主要用于激励中青年科技人员提升自身科学研究（转化）能力、拓展自己学术人脉、增加科研协调效应。

立德树人是科技人员的重要工作。培养的学生一旦成为科研人才，并取得一些成就，可以反映科技人才培养的质量之高。因此，学生成就应当成为评价科技人才立德树人的重要指标之一。

（三）同行评议画像

科研评价方面可以借鉴欧美科研评价的过程，在审稿阶段引入类似的同行评议制度，以同行的评议作为参考衡量学者所在领域的科研水平，体现个人学术水平的重要性，降低文章数量的指标影响，同行评议主要有以下三个方法：一是单隐，二是双隐，三是公开评议。

单隐，即单向隐匿，指作者不知道谁在审自己的稿子，但评议人知道作者姓甚名谁。在接受网上投稿的期刊中，单隐评议的工作主要集中在主编或纳稿编辑筛选合适的审稿人上，之后把稿子传出去。只有经手的编辑或助手知道稿子发给了谁，而评议人的情况是向作者保密的。当评议人的意见回到编辑部时，评审的具体意见要经过编辑部的详细审查之后才可发给作者。审查的目的是保证评议人的姓名不被暴露，其中包括消除评议人发出评议意见使用的计算机的 ID/IP，以及其他任何可能被追踪的电子信息。国际上的科技期刊，多数采用的是单隐形式的同行评议。因为它既具有一定的保密性，手续又不过于复杂，编辑部运作过程中出错率相对较低。

双隐，即双向隐匿，指作者和评议人双方均不了解对方是谁，故也可形象地称为"盲评"（这里的"盲"不是看不见，而是看不着）。只有主编或编辑部的工作人员对双方知根知底，但理论上讲要对双方同时保密。这种评审方式在网上投稿的刊物中，编辑部的工作量要大得多。稿件在送审之前就要审查原稿中的作者姓名和地址是否隐藏完全。如果没有，则要替作者删除姓名、地址，重新保存文件（藏匿作者的 ID/IP），重新命名文件后再送审，手续比较烦琐。当评议人的意见反馈到编辑部后，编辑或编辑部的工作人员又要从头再来一遍，检查评议人的姓名、地址的隐匿情况。由此可见，现阶段国际上双隐评议的期刊占少数，也就不奇怪了。双隐与单隐相比，最大的优点是双方互不知晓，评议人只能就事论事，不容易掺杂个人成见，表面看起来更公平些。但在实际操作中，因为手续复杂，露出马脚在所难免。而且，在较窄的学科和领域内，即使是双隐，经常因为个别作者迥异的写作风格和评议人独特的措辞方式，不经意间自报家门的情况难免发生，也就失去了双隐的意义。

最后一种是公开评议，这种方式最早开始于 1996 年（*Journal of Interactive Media in Education*，《教育中的交互媒体》）。即作者与评议人彼此相互知晓，相比之下这种方式透明度高，但这也是相对的，而且是有代价的。因为双方知己知彼，评议人很可能会有所顾忌，说话时瞻前顾后，给实话实说打了折扣。再者不是所有的学者都赞成和支持公开评议，刊物也会因此失去一部分专业上很有造诣的审稿人。

在学术论文或其他形式的科研成果发布过程中，为了保护评议人信息，同时兼顾评议效率，应进行单隐评议，对学者的论文进行客观评议。在论文出版或发布时，需要同时将审稿人的评议信息公开，作为衡量文章创新能力的重要参考，作为评价学者的创新能力的重要一环。

对于学者个人综合学术能力的评价，上述三种同行评议的方式应当兼顾使用。特别是当代学术研究实际上是学术共同体的协同结果，学术共同体俱乐部（学会组织）的荣誉头衔是对学者个人综合学术能力的认可。因此，学术共同体俱乐部（学会组织）的荣誉头衔应当成为同行评议画像过程中较为重要的评价指标。

（四）科研成果影响力画像

科研成果的本质是启发探索未知领域的新思路、促进技术升级迭代或实现科学技术的转化与商用。SCI 及其分区的价值在于帮助科学研究者在海量的文献中节省检索时间、快速识别高价值的文献素材。

然而"SCI 至上"，实际上是本末倒置，将 SCI 及其分区的核心作用淡化掉，变成了 SCI 数量比拼。克服"SCI 至上"不是放弃使用 SCI，而是更科学地使用 SCI 的评价方法。从重 SCI 的数量，向重 SCI 质量转化，如注重 ESI（基于科学指标数据库）。同时，除了 ESI 外，能够持续产生直接引用和二级引用的科研论文应当也成为科研成果影响力画像的重要组成部分。

除了 SCI 外，基于国别、行业特点、学科特点的非发表论文，例如研究报告、会议论文、高等级学术会议发言材料等都应当形成相应的科研成果影响力报告，其中，以行业内认可的学术共同体（如行业性学会等）所颁发的各类内部评奖，均应当作重要的科研成果影响力支撑材料，立体描绘科技人才的科研成果影响力画像。

（五）学术不端负面清单

对于科技人才，应当建立学术不端、违反师德师风负面清单，一旦出现负面清单事项，对其评价应当归零。本研究认为，负面清单应当主要包括以下内容，当然不同科研单位应根据本单位实际对负面清单内容进行调整。

（1）在教育教学活动中及其他场合存在违背党的路线方针政策、违背宪法法律、危害国家安全、破坏民族团结等言行。

（2）损害国家利益、社会公共利益，违背社会公序良俗。

（3）要求学生从事与教学、科研、社会服务等无关的事宜。

（4）体罚或变相体罚学生，以侮辱、歧视等方式损害学生人格，造成学生身心伤害。

（5）与学生发生任何不正当关系，以及有任何形式的猥亵、性骚扰行为。

（6）在教学科研工作中弄虚作假，抄袭剽窃，侵吞篡改他人学术成果和教育教学成果，或滥用学术资源和学术影响。

（7）唆使、纵容学生实施学术不端行为。

（8）在招生、招聘、评审、考试、推优、保研、就业、入党及绩效考核、岗位聘用、职称评聘及各类评奖评优等工作中徇私舞弊、弄虚作假、无中生有、捏造事实、恶意诋毁他人等。

（9）索要、收受学生及家长财物，参加由学生及家长付费的宴请、旅游、娱乐休闲等活动，或利用家长的社会资源谋取私利。

参考文献

［1］常杉杉. "破五唯"语境下高校人才评价的破与立［N］. 中国社会科学报, 2020 – 10 – 19.

［2］于绍良. 构建具有全球竞争力的人才制度体系［J］. 党建研究, 2020 (07).

［3］刘云. 破"四唯"能解决中国科技评价的问题症结吗［J］. 科学学与科学技术管理, 2020, 41 (08).

［4］杨月坤, 查椰. 国外科技人才评价经验的启示与借鉴: 基于英国、美国、德国的研究［J］. 科学管理研究, 2020, 38 (01).

［5］张保淑. 破除SCI崇拜 祛除"唯论文"痼疾［J］. 科学大观园, 2020 (07).

［6］陆大道. 以SCI为主导的"论文挂帅"对我国科技发展的负面影响［J］. 经济地理, 2020, 40 (03).

［7］佘颖. 破除学术论文"SCI迷信" 优化学术生态［N］. 经济日报, 2020 – 02 – 28.

［8］吴学安. 破除论文"SCI至上"利于构建科学的人才评价机制［N］. 中国财经报, 2020 – 02 – 27.

［9］汪怿. 推进更深层次的人才体制机制改革［J］. 科学发展, 2019 (08).

［10］李勇. 人才制度体系与创新绩效关系研究［D］. 中共中央党校, 2019 (07).

［11］高同彪, 刘云达. 德国"精英大学"科技人才评价策略述评［J］. 吉

林广播电视大学学报，2018（11）.

[12] 杨月坤. 创新型科技人才多元评价系统的构建与实施 [J]. 经济论坛，2018（11）.

[13] 赵永乐. 从特色到优势：进一步提升我国人才制度体系的全球竞争力 [J]. 南京社会科学，2018（06）.

[14] 刘小婧，李文梅. 国外科技人才评价机制研究 [J]. 经营管理者，2016（02）.

[15] 张豪，张向前. 我国"十三五"期间适应创新驱动的科技人才评价机制研究 [J]. 科技与经济，2015（04）.

[16] 于珈，王兰英，李兵，等. 浅析美国科技人才评价的做法与启示 [J]. 中国科技资源导刊，2015（02）.

[17] 董超，李正风. 科技人才评价中的发展性理念：剑桥大学的案例及启示 [J]. 科研管理，2013（S1）.

[18] 程萍，刘涛. 卢曼理论视角下的我国科技人才评价指标体系解析 [M]. 北京：国家行政学院出版社，2011.

[19] 王国华，冯伟，王雅蕾. 基于网络舆情分类的舆情应对研究 [J]. 情报杂志，2013，32（05）：1-4.

[20] 曾润喜. 我国网络舆情研究与发展现状分析 [J]. 图书馆学研究，2009（08）：2-6.

[21] 李雯静，许鑫，陈正权. 网络舆情指标体系设计与分析 [J]. 情报科学，2009，27（07）：986-991.

[22] 毋建军. 网络舆情及其指标体系构建研究述略 [J]. 长江大学学报：社会科学版，2013，36（10）：128-129.

[23] O' CONNOR B, BALASUBRAMANYAN R, ROUTLEDGE B R, et al. From Tweets to Polls：Linking Text Sentiment to Public Opinion Time Series [C].

Proceedings of the 4th International AAAI Conference on Weblogs and Social Media. Washington，2010.

［24］王来华．舆情研究概论：理论、方法和现实热点［M］．天津：天津社会科学院出版社，2003.

［25］刘毅．网络舆情研究概论［M］．天津：天津人民出版社，2007.

［26］宋姜，吴鹏，甘利人．网络舆情建模方法研究述评［J］．图书情报工作，2014，58（19）：136 – 143.

［27］ADAM J，BERINSKY. Measuring Public Opinion with Surveys［J］. Annual Review of Political Science，2017，20（1）：309 – 329.

［28］KARAMI A，BENNETT L S，HE X. Mining Public Opinion about Economic Issues：Twitter and the U. S. Presidential Election［J］. International Journal of Strategic Decision Sciences，2018，9（1）：18 – 28.

［29］JAMES A，STIMSON. The Dyad Ratios Algorithm for Estimating Latent Public Opinion：Estimation，Testing，and Comparison to Other Approaches［J］. Bulletin of Sociological Methodology/Bulletin de Méthodologie Sociologique，2018，137 – 138（1）：201 –218.

［30］林琛．基于网络舆论形成过程的舆情指标体系构建研究［J］．情报科学，2015，33（01）：146 –149，161.

［31］林源．网络舆情研究综述［J］．科技情报开发与经济，2015，25（08）：146 – 150.

［32］李昊青，兰月新，侯晓娜，等．网络舆情管理的理论基础研究［J］．现代情报，2015，35（05）：25 – 29，40.

［33］曹蓉．基于全样本分析的网络舆情指标体系研究综述［J］．情报杂志，2015，34（05）：28，154 – 158.

［34］刘波维，曾润喜．网络舆情研究视角分析［J］．情报杂志，2017，36

(02)：91－96.

[35] 石强强，杨红云，赵应丁，等. 基于 BP 神经网络的网络舆情预警监测研究 [J]. 信息技术，2017 (11)：30－34，39.

[36] 王君泽，方醒，杜洪涛. 网络舆情分析系统中的支撑技术研究 [J]. 现代情报，2015，35 (08)：51－56.

[37] 尚茹南，邓小龙. 基于改进雷达图的网络舆情实例指标体系研究 [J]. 北京邮电大学学报：社会科学版，2015，17 (04)：15－20.

[38] 王晰巍，邢云菲，张柳，等. 社交媒体环境下的网络舆情国内外发展动态及趋势研究 [J]. 情报资料工作，2017 (04)：6－14.

[39] BRADFORD H，BISHOP. Focusing Events and Public Opinion：Evidence from the Deepwater Horizon Disaster [J]. Political Behavior，2014，36 (01)：1－22.

[40] 左蒙，李昌祖. 网络舆情研究综述：从理论研究到实践应用 [J]. 情报杂志，2017，36 (10)：71－78，140.

[41] 张克生. 舆情研究中对系统方法的运用与创新 [J]. 理论与现代化，2005 (05)：65－68.

[42] 张丽红. 试析网络舆情对网络民主的影响 [J]. 天津社会科学，2007 (03)：60－62.

[43] 戴媛，姚飞. 基于网络舆情安全的信息挖掘及评估指标体系研究 [J]. 情报理论与实践，2008，31 (06)：873－876.

[44] 戴媛，郝晓伟，郭岩，等. 我国网络舆情安全评估指标体系的构建研究 [J]. 信息网络安全，2010 (04)：12－15.

[45] 曾润喜，徐晓林. 网络舆情突发事件预警系统、指标与机制 [J]. 情报杂志，2009，28 (11)：52－54，51.

[46] 张一文，齐佳音，方滨兴，等. 非常规突发事件网络舆情热度评价指

标体系构建 [J]. 情报杂志, 2010, 29 (11): 71 - 75, 117.

[47] 兰月新. 突发事件网络舆情安全评估指标体系构建 [J]. 图书情报工作, 2011, 55 (S1): 317 - 319.

[48] 陈新杰, 呼雨, 兰月新. 网络舆情监测指标体系构建研究 [J]. 现代情报, 2012, 32 (05): 4 - 7, 20.

[49] 聂峰英, 张旸. 移动社交网络舆情预警指标体系构建 [J]. 情报理论与实践, 2015, 38 (12): 64 - 67.

[50] 宋余超, 陈福集. 基于数据立方体的网络舆情监测指标体系构建 [J]. 情报科学, 2016, 34 (06): 31 - 36.

[51] 王静茹, 金鑫, 黄微. 多媒体网络舆情危机监测指标体系构建研究 [J]. 情报资料工作, 2017 (06): 25 - 32.

[52] 张艳丰, 李贺, 翟倩, 等. 基于模糊 TOPSIS 分析的在线评论有用性排序过滤模型研究: 以亚马逊手机评论为例 [J]. 图书情报工作, 2016, 60 (13): 109 - 117, 125.

[53] WESTWOOD S J. How to Measure Public Opinion in the Networked Age: Working in a Googleocracy or a Googlearchy? [M] // What Kind of Information Society? Governance, Virtuality, Surveillance, Sustainability, Resilience. Berlin Heidelberg: Springer, 2010.

[54] CERON A, CURINI L, IACUS S M, et al. Every tweet counts? How sentiment analysis of social media can improve our knowledge of citizens' political preferences with an application to Italy and France [J]. New Media & Society, 2012, 16 (02): 340 - 358.

[55] 谭应伟, 莫倩. 基于 Web 的有监督自适应话题追踪系统的设计与实现 [J]. 郑州大学学报: 理学版, 2007, 39 (02): 25 - 29.

[56] 申莹, 徐东平, 庞俊. 基于概念的中文博客情感极性聚类分析 [J].

计算机系统应用，2011，20（08）：72 - 75，121.

［57］周海娟. 2017 年新闻传播学研究的十大热点［J］. 新闻与写作，2017（12）：38 - 44.

［58］刘冰玉，凌昊莹. 从社会学视角探讨网络媒介环境中群体性事件的舆情变异［J］. 现代传播（中国传媒大学学报），2012，34（09）：111 - 115.

［59］付业勤，曹娜. 基于扎根理论量表开发的网络舆情对旅游地形象传播研究［J］. 统计与决策，2016（20）：65 - 68.

［60］孟育耀. 网络热点事件传播的政府舆情应对——基于"吃穿山甲"事件的个案分析［J］. 传媒，2017（19）：86 - 88.

［61］傅昌波，郭晓科. 基于层次分析法的舆情风险评估指标体系研究［J］. 北京师范大学学报：社会科学版，2017（06）：150 - 157.

［62］李金海，何有世，熊强. 基于大数据技术的网络舆情文本挖掘研究［J］. 情报杂志，2014，33（10）：1 - 6，13.

［63］高航，丁荣贵. 基于系统动力学的网络舆情风险模型仿真研究［J］. 情报杂志，2014，33（11）：7 - 13.

［64］王晰巍，邢云菲，赵丹，等. 基于社会网络分析的移动环境下网络舆情信息传播研究——以新浪微博"雾霾"话题为例［J］. 图书情报工作，2015，59（07）：14 - 22.

［65］张一文，齐佳音，方滨兴，等. 基于贝叶斯网络建模的非常规危机事件网络舆情预警研究［J］. 图书情报工作，2012，56（02）：76 - 81.

［66］史蕊，陈福集，张金华. 基于组合灰色模型的网络舆情预测研究［J］. 情报杂志，2018，37（07）：101 - 106.

［67］STAHLBOCK R，CRONE S F，LESSMANN S. ［Annals of Information Systems］Data Mining Volume 8 ‖ Using Web Text Mining to Predict Future Events：A Test of the Wisdom of Crowds Hypothesis ［M］∥Data Mining. 2010.

［68］邢云菲，王晰巍，王铎，等．基于信息熵的新媒体环境下负面网络舆情监测指标体系研究［J］．现代情报，2018，38（09）：41 – 47.

［69］覃玉冰，邓春林，杨柳．基于皮尔逊相关系数的网络舆情评估指标体系构建研究［J］．情报探索，2018（10）：15 – 19.

［70］魏静，刘莉，林萍，等．移动环境下网络舆情研究进展及述评［J］．情报杂志，2018，37（09）：134 – 140，166.

［71］RIDINGS C M，GEFEN D，ARINZE B. Some antecedents and effects of trust in virtual communities ［J］. Journal of Strategic Information Systems，2002（11）：271 – 295.

［72］ROUTRAY P，SWAIN C K，MISHRA S P. A Survey on Sentiment Analysis ［J］. International Journal of Computer Applications，2013，76（10）：1 – 8.

［73］冯江平，张月，赵舒贞，等．网络舆情评价指标体系的构建与应用［J］．云南师范大学学报（哲学社会科学版），2014，46（02）：75 – 84.

［74］曾润喜，杜换霞，王君泽．网络舆情指标体系、方法与模型比较研究［J］．情报杂志，2014，33（04）：96 – 101.

［75］YIWEN Z，JIAYIN Q，BINXING F. The Indicator System Based on BP Neural Network Model for Net – mediated Public Opinion on Unexpected Emergency ［J］. China Communications，2011，8（02）：42 – 51.

［76］YANG Y. Research and Realization of Internet Public Opinion Analysis Based on Improved TF – IDF Algorithm ［C］// International Symposium on Distributed Computing and Applications to Business，2017.

［77］HARITON E，BORTOLETTO P，GOLDMAN R H，et al. A Survey of Public Opinion in the United States Regarding Uterine Transplantation ［J］. Journal of Minimally Invasive Gynecology，2018，108（03）：e15.

［78］方付建．网络舆情研究中量化方法应用态势分析［J］．情报杂志，

2014，33（10）：47－51.

［79］李文杰，化存才，何伟全，等. 网络舆情信息的综合评价指标体系构建与模糊评判模型［J］. 情报科学，2015，33（09）：93－99.

［80］李逸群，严岭，李军锋. 网络舆情影响程度定量评价指标体系及其量化计算方法［J］. 信息网络安全，2015（09）：196－200.

［81］陈晨，黎亮. 发生要素视角下网络舆情指标体系构建研究［J］. 情报探索，2015（12）：41－45.

［82］ESULI A. Automatic Generation of Lexical Resources for Opinion Mining：Models，Algorithms and Applications［J］. Acm Sigir Forum，2008，42（02）：105－106.

［83］新华网［EB/OL］. http：//www. xinhuanet. com/yuqing/index. htm，2019－06－10.

［84］人民网［EB/OL］. http：//yuqing. people. com. cn/，2019－06－10.

［85］百度舆情［EB/OL］. http：//yuqing. baidu. com/saas/intro/newindex?castk＝LTE％3D，2019－06－10.

［86］腾讯舆情［EB/OL］. https：//cloud. tencent. com/developer/information/腾讯云舆情监控，2019－06－10.

［87］新浪舆情［EB/OL］. https：//www. yqt365. com/logon. action，2019－06－10.

［88］阿里云舆情［EB/OL］. https：//yq. aliyun. com/zt/446917，2019－06－10.

［89］清博舆情［EB/OL］. http：//yuqing. gsdata. cn/，2019－06－14.

［90］中国传媒大学舆情研究所［EB/OL］. http：//www. iricn. com/，2019－06－14.

［91］拓尔思舆情分析机构［EB/OL］. http：//www. trs. com. cn/，2019－

06 – 14.

[92] 军犬舆情 ［EB/OL］. http：//www. junquan. com. cn/, 2019 – 06 – 14.

[93] 红麦舆情 ［EB/OL］. http：//www. soften. cn/? renqun _ youhua = 150485, 2019 – 06 – 14.

[94] 谷尼舆情系统 ［EB/OL］. https：//www. soft78. com/article/2012 – 09/2 – ff8080813975d5990139b832292d1b69. html, 2019 – 06 – 10.

[95] 网联教科 ［EB/OL］. http：//www. nielsenccdata. com/, 2019 – 06 – 14.